宇宙はなぜ物質でできているのか

素粒子の謎とKEKの挑戦

小林 誠 編著
Kobayashi Makoto

a pilot of wisdom

はじめに

小林　誠

一九七一年四月、高エネルギー物理学研究所が、建設が始まったばかりの筑波研究学園都市に誕生しました。一九九七年には高エネルギー加速器研究機構に改組されていますが、略称はいまも昔も「ＫＥＫ」です。

物質の根源や宇宙の成り立ちなどに迫る素粒子物理学は、新しい理論を実験で証明し、新しい実験結果を理論で説明することをくり返しながら発展してきました。それには、高エネルギー加速器などでつくる粒子の衝突反応を詳しく調べることが必要となります。このため、こうした研究分野を高エネルギー物理学と呼んでいます。

近年では、欧州のＣＥＲＮ《セルン》（欧州合同原子核研究機構）にある大型加速器ＬＨＣによるヒッグス粒子の発見という重要な成果が大きく報道され、この分野が脚光を浴びましたから、深い関心を寄せている人も多いことでしょう。

一九四五年の終戦以降、この分野で欧米諸国に大きく後れを取っていた日本の研究者にとって、高エネルギー加速器の建設は長年の悲願でした。その実現に向けた動きが始まったのは、一九六二年のこと。原子核や宇宙線などの関連分野も含めた「原子核研究将来計画の実現について」という日本学術会議の勧告によって、高エネルギー加速器建設への道筋ができました。

そこから計画の規模などをめぐる激しい議論が行われ、一〇年近い紆余《うよ》曲折を経てスタートしたのがＫＥＫです。しかし、研究者たちが立案した当初の計画は、最終的には大幅に縮小されてしまい、建設を認められた加速器の性能は、当時の世界の最先端に遠く及ばないものでした。

一九七〇年代は、素粒子物理学が急速に進展した時代です。欧米諸国の加速器によって新しい粒子の発見が相次ぎ、その謎を説明するための理論が発展しました。それによって、素粒子の「標準模型」と呼ばれる理論体系が築き上げられたのです。

残念ながら、日本の高エネルギー実験の研究はこの世界的な波に乗ることができませんでした。しかしその後、ＫＥＫはより高い性能を持つ加速器を建設し、高エネルギー物理学の世界で大きな存在感を示すようになりました。八〇年代に建設されたトリスタン加速器の後継機として一九九八年に完成したＫＥＫＢ《ケックビー》加速器（Ｂファクトリー）は、世界中で進められてきた標準模型の検証作業の最終段階で、決定的な成果を挙げています。

それだけではありません。カミオカンデやスーパーカミオカンデがノーベル物理学賞に結びつく成果を挙げたニュートリノ実験は日本の得意分野ですが、そこでもＫＥＫの加速器は重要な役割を果たしています。理論だけでなく、実験の面でも、わが国の素粒子物理学は世界の最先端にまで躍進しました。

本書では、一九七一年に誕生したＫＥＫの五〇年におよぶ歴史を振り返り、おもに素粒子物理学の分野で挙げてきた成果について、現場の研究者たちの言葉で綴《つづ》ります。ここではまず、全体の概要を述べておきましょう。

第一章では、編著者である私が、一九三〇年代に始まる素粒子物理学の歴史を簡単に紹介しつつ、標準模型という理論体系の内容を説明します。ＫＥＫの加速器が挑んだ「ＣＰ対称性の破れ」という現象に関する話を読んでいただければ、本書のタイトルでもある「宇宙はなぜ物質でできているのか」という問いの意味も理解できるはずです。

第二章では、菊谷英司氏（KEK史料室）に、戦前に始まる日本の加速器研究の歴史とKEKの歴代加速器について説明してもらいます。素粒子物理学における加速器実験の存在意義はもちろん、それ以外にもさまざまな分野で加速器が活用されていることがおわかりいただけると思います。

第三章と第四章では、クォークにおけるCP対称性の破れを実証したKEKのBelle《ベル》実験を取り上げます。前半と後半に分け、第三章のPART1では山内正則氏（KEK機構長）にベル実験の全体像を、第四章のPART2ではベル実験に使用したKEKB加速器の設計や運転などについて生出勝宣《おいでかつのぶ》氏（KEK名誉教授）に語ってもらいます。米国の研究所との厳しい競争を乗り越えるための努力と工夫のすばらしさを味わっていただきましょう。

第五章では、市川温子氏（東北大学大学院理学研究科教授）に、茨城県東海村の加速器から岐阜県神岡のスーパーカミオカンデにニュートリノビームを打ち込むT2K実験について説明してもらいます。CP対称性の破れという現象は、クォークだけのものではなく、ニュートリノでも起こると考えられています。こちらも海外の研究所と競争しつつ、大きな成果を期待されている実験です。

そして最後の第六章では、岡田安弘氏（ＫＥＫ理事）に、二一世紀の素粒子物理学が抱えている課題や目指している方向性、今後のＫＥＫが果たすべき役割などについて述べてもらいます。

Ｂファクトリーの実験やＬＨＣによるヒッグス粒子の発見によって、標準模型の検証はひと区切りつきましたが、それで物質や宇宙の謎がすべて解明されたわけではありません。むしろ、現在の素粒子物理学は新たな挑戦の入り口に立った段階だといえるでしょう。本書を通じて、素粒子物理学や加速器科学に対する社会の理解と関心がより深まり、この分野がさらに発展することを願っています。

目次

はじめに ―――― 小林　誠 3

第一章　素粒子の標準模型とCP対称性の破れ ―――― 小林　誠 15

中性子の発見と三つの相互作用／反粒子の存在を証明した「陽電子」の発見／対消滅と対生成／破れていた粒子と反粒子のCP対称性／ゲルマンの提唱した「クォーク模型」とは／三つの相互作用のメカニズム／クォークが六種類あればCP対称性は破れる／物質と反物質が非対称になるためのサハロフ三条件／標準理論のCP対称性の破れでは足りない

第二章　加速器実験の歴史 ―――― 菊谷英司 43

GHQに破棄された四基のサイクロトロン／シンクロトロン開発に乗り遅れた日本／K2K実験で活躍したKEK　PS／ついに世界トップクラスに到達したトリスタン加速器／

想定より質量が大きかったトップクォーク／
小林・益川理論の検証を目指したＫＥＫＢ／
放射光を利用するフォトンファクトリー／
国際リニアコライダーの実現に向けて／
東海村の大強度陽子加速器「Ｊ－ＰＡＲＣ」

第三章　小林・益川理論を検証せよ～ＰＡＲＴ１――――山内正則

「カーター・三田論文」とＢ中間子／
一流のＳＬＡＣに一・五流のＫＥＫが勝てるのか／
非対称なエネルギーで粒子を衝突させる実験／
先進的なＳＬＡＣ、保守的なＫＥＫ／
電子雲対策のためにピップエレキバンも試してみた／
一〇億個のＢ中間子のうちデータになるのは一〇万個／
雑誌の同じ号に掲載されたＫＥＫとＳＬＡＣの論文／
科学の実験には競争が不可欠

第四章　小林・益川理論を検証せよ～PART2――――生出勝宣　99
高く掲げたルミノシティの目標値／トリスタンの大きなトンネルが役に立った／ビームを安定させる「アレス空洞」の開発／甘く見ていた電子雲の影響／全周三キロメートルに巻きつけたソレノイド／入射器のハンデを無化した連続入射／危険視された「有限交差角衝突」の採用／トリスタンの遺産なしにKEKBの成功はなかった

第五章　ニュートリノとCP対称性の破れ――――市川温子　129
T2K実験に参加したきっかけ／クォークよりも破れの大きいニュートリノのCP対称性／毎秒一〇〇兆個のニュートリノをつくって神岡に打ち込む／早い段階で見えてきた三種類の混合／東日本大震災で実験停止中に中国の実験に逆転を許す／昨日のライバルは今日の友／二〇二七年実験開始を目指すハイパーカミオカンデへの期待／

陽子崩壊の検出も大きな目的のひとつ

第六章　「新しい物理」と加速器科学の未来——岡田安弘　157

単独で存在できないクォークは「素粒子」か／標準理論に貢献したノーベル賞受賞者たち／ヒッグス粒子は素粒子か複合粒子か／超対称性理論と大統一理論／ヒッグス粒子の精密測定が最重要課題／ＩＬＣ（国際リニアコライダー）の役割／標準理論と合致しないミューオンの磁気モーメント／物質と反物質の非対称は素粒子物理学の「最後の宿題」／ダークマターは素粒子全体の中でどう位置づけられるか／素粒子物理学の歴史に対する責任

おわりに——小林　誠　188

第一章　素粒子の標準模型とＣＰ対称性の破れ

小林　誠

小林　誠（こばやし　まこと）

高エネルギー加速器研究機構特別栄誉教授。理学博士。一九四四年、愛知県名古屋市生まれ。名古屋大学理学部物理学科卒業。同大学院理学研究科修了。京都大学助手、高エネルギー物理学研究所助教授、同教授、高エネルギー加速器研究機構素粒子原子核研究所所長などを経て現職。二〇〇八年、「CP対称性の破れの起源の発見」により、益川敏英氏と共にノーベル物理学賞を受賞。他に、仁科記念賞、アメリカ物理学会J.J.Sakurai賞、日本学士院賞、朝日賞、中日文化賞などを受賞。著書に『消えた反物質――素粒子物理が解く宇宙進化の謎』（講談社）など。

中性子の発見と三つの相互作用

物理学は、二〇世紀に入ってから大きく進展しました。まずはアインシュタインが一九〇五年に特殊相対性理論、一九一五年には一般相対性理論を発表。さらに一九二五年頃には量子力学が完成し、現代物理学を支える二本柱が確立されました。本書の主題である素粒子物理学も、相対論と量子論に支えられています。

素粒子物理学と呼ばれる分野の成立時期は必ずしも明確ではありませんが、量子力学の完成後の一九三〇年前後に誕生したと考えていいでしょう。その大きなきっかけのひとつが、一九三二年の「中性子」の発見です。

それまで、私たちの身の回りの物質がすべて原子からできている（つまり物質をどんどんバラバラにしていくと原子になる）ことはわかっていました。しかし、原子は物質のもっとも基本的な要素というわけではありません。原子の内部をさらに細かく見ると、プラスの電荷を持つ原子核のまわりをマイナスの電荷を持つ電子が飛び交うという構造になっています。それが発見されたのは、一九一一年のことです。

では、原子核と電子が物質の根源なのかというと、そうとも思えませんでした。そう考える理由のひとつは、原子核の質量は電荷が大きくなるのに従って増えますが、完全には比例していないことです。そのため、原子核にも何らかの内部構造があるのではないかと考えられていました。

その問題を解決したのが、ジェームズ・チャドウィックによる中性子の発見にほかなりません。これによって、原子核はプラスの電荷を持つ陽子と、電荷を持たない中性子が組み合わさってできていることがわかりました。電荷を持たない粒子が含まれているなら、原子核全体の質量と電荷が完全に比例しないのは当然です。

しかし、そこから新たな疑問が生じました。陽子と中性子を結びつけている力は何なのか、という問題です。

原子の内部では、原子核のプラスの電荷と電子のマイナスの電荷が、電気の力で結びついています。これを専門的には「電磁相互作用」といいますが、陽子と中性子の場合、一方は電荷を持たないので、それでは説明できません。複数の陽子を含む原子核の場合は、陽子同士が逆に反発し合ってしまいますから、電気の力よりも大きな力で結びつかなければば、原子核としてまとまれないはずです。

そこで、陽子と中性子を結びつける新しい相互作用について考えたのが、日本初のノーベル賞を受賞した湯川秀樹でした。それ以前の物理学では、自然界に存在する力として重力と電磁気力のふたつを考えていましたが、一九三五年、湯川は中間子理論によって、新しい相互作用による力について提案したのです。

新しい相互作用は、電磁気力よりも強い力を生み出すという意味で、「強い相互作用」と呼ばれています。その相互作用を伝える粒子（π《パイ》中間子）がセシル・パウエルによって一九四七年に発見され、湯川理論が正しいことが証明されたため、一九四九年にノーベル物理学賞が与えられたのです。

さらに、中性子の発見からは、もうひとつ別の相互作用の存在が明らかになりました。原子核の中では安定して存在できる中性子ですが、外に取り出すと不安定になり、電子などを放出して陽子に変化します。放射線としてβ《ベータ》線（電子）を出すので、これは「ベータ崩壊」と名づけられました（のちに、ベータ崩壊ではニュートリノという素粒子も放出されることがわかりました）。

この現象は、電磁相互作用や強い相互作用とは異なる別の相互作用によるものです。こちらの相互作用は、電磁気の相互作用よりも弱いという意味で「弱い相互作用」と名づけられました。原子核の内部構造が明らかになったのみならず、ミクロの世界で電磁相互作用に加えて、強い相互作用、弱い相互作用が働いていることがわかったのですから、中性子の発見はきわめて大きな意味があったといえるでしょう。これによって、素粒子物理学の基本的な枠組みができあがったのです。

反粒子の存在を証明した「陽電子」の発見

ところで、中性子が発見された一九三二年には、もうひとつ重要な発見がありました。「陽電子」と呼ばれる粒子が見つかったのです。これは「反粒子」の存在が初めて確認されたという意味で、じつに大きな発見でした。

反粒子とは、あらゆる粒子に対応して存在するものです。ある粒子とその反粒子は質量などの性質が同じなので よく似ていますが、電荷などの正負が反対になっています。たとえば陽子の反粒子である反陽子は、電荷がマイナス。一九三二年に発見された陽電子（電子の反粒子）は、電荷がプラスなのでそう名づけられました（それ以外の反粒子はどれも「反○○」と呼ばれます）。

量子力学の研究を通じて反粒子の存在を初めて理論的に予言したのは、ポール・ディラックです。一九二五年頃に確立した量子力学は、当初は相対論的ではない運動（光速にくらべて十分に遅い運動）に関する理論でした。その基礎方程式であるシュレディンガー方程式を、相対論と両立するような形にしたのが、一九二八年に発表されたディラック方程式です。

そのディラック方程式には、エネルギーが負の値になるという奇妙な解が存在しました。その問題を解決するためにディラックが考えた仮説が、電子と質量が同じで電荷はプラスの粒子、つまり反粒子の存在です。

しかし、論文が発表された当初、ディラックの仮説はあまり評判が良くありませんでした。たしかにそれがあれば負のエネルギーの困難が回避できるのですが、私たちの身の回りにあるのは粒子だけで、反粒子など誰も見たことがないからです。

ところが一九三二年に、霧箱を使って宇宙線の反応を観測していたカール・デイヴィッド・アンダーソンが、正電荷を持つ電子そっくりの粒子を発見しました。この陽電子の発見によって反粒子の実在が明らかになり、その研究が始まったのです。

ここで大きな問題となるのは、反粒子が存在するにもかかわらず「反物質」が自然界に存在しないことでした。原子を構成する陽子、中性子、電子にそれぞれ反粒子があるのなら、それを組み合わせた「反原子」もできるはずですし、その反原子を組み合わせれば、身の回りにある通常の物質とそっくりな反物質もできるはずです。でも、それは自然界には見当たりません。この宇宙は「物質」だけでできており、反物質は存在しないのです。それはいったい、なぜなのか。

対《つい》消滅と対生成

この問題を理解するためには、粒子と反粒子の「対消滅」という現象について知る必要があります。たとえば電子と陽電子が出会うと両方とも消滅し、ふたつの光子（光の粒子）が出てくる。陽子と反陽子が出会った場合は、やはり両方とも消滅して、いくつものパイ中間子が出てくる、というような反応が起きます。これが対消滅です。

したがって、たとえ私たちの身の回りに陽電子があったとしても、そこには電子がたくさん存在するので、すぐにぶつかって対消滅してしまうでしょう。そのため、反粒子は自然界で安定して存在することができません。陽電子や反陽子や反中性子が存在できなければ、反物質もつくられない。これが、反物質が自然界に存在しない理由です。

それならば、電子や陽子などの粒子も一緒に消滅してしまうので、「物質」も自然界に存在できないのではないか？　そう思った方もいるでしょう。まさにそれこそが、本書のタイトルとして掲げた「宇宙はなぜ物質でできているのか」という問いにほかなりません。この問題についてはのちほど考えることにして、まずは物質で満ちたこの宇宙には反粒子が存在し得ないことだけ頭に入れておいてください。

ところで、いささか唐突ですが、アインシュタインの相対性理論に「$E=mc^2$」という有名な式が出てくるのは、ご存じの方も多いでしょう。エネルギー（E）と質量（m）が本質的に等価であることを表す式です。相対性理論が登場するまで、自由粒子（力が働いていない粒子）のエネルギーといえば運動エネルギーのことだけ考えていましたが、静止している粒子にもその質量に比例するエネルギーがあることを、この式は示しています。

なぜ $E=mc^2$ の話を始めたかというと、対消滅とは逆の「対生成」という現象を理解するためです。たとえば電子と陽電子が出会ったとき、両者はそれぞれ同じ質量（m）を持っているので、そこには少なくとも「$2mc^2$」のエネルギーがあります。エネルギーは常に保存されるので、対消滅してもそのエネルギーは消えません。対消滅によって出てきたふたつの光子が、そのエネルギーを持ち去ります。逆に、大きなエネルギーを持つふたつの光子が衝突すると、そのエネルギーが質量に変換され、電子と陽電子が対生成するのです。

一九三二年にアンダーソンが発見した陽電子は、大きなエネルギーを持つ宇宙線の反応によって生じたものでした。それと同じように、粒子に大きなエネルギーを与えて衝突させることができるのが、本書の第二章以降で取り上げる粒子加速器にほかなりません。対生成という現象が起こるからこそ、反粒子を実験で人工的に生成し、その性質を詳しく研究することが可能なのです。

破れていた粒子と反粒子のCP対称性

さて、その反粒子の研究では、当初、粒子と反粒子は（電荷の正負が反対であることなどを除いて）基本的な性質がそっくりだと考えられていました。専門的には、粒子と反粒子が持つその対等な性質のことを「ＣＰ対称性」といいます。

本書ではそれが粒子と反粒子は本質的に対等であることを意味すると理解してもらえば十分ですが、ここで少しだけ詳しい説明をしておきます。ＣＰ対称性の「Ｃ」と「Ｐ」はそれぞれ、「荷電共役変換（Charge conjugation）」と「空間反転（Parity）」という二種類の変換を表します。Ｃ変換は単純に粒子と反粒子を取り換える操作だと考えてください。空間反転は、文字どおり空間の方向を反転する変換ですが、直観的には鏡に映すような操作と考えて結構です。Ｃ変換をしても物理法則が変わらないとき、Ｃ対称性があるといい、同じように、Ｐ変換をしても物理法則が不変であるときＰ対称性があるといいます。そして、ＣＰ対称性は、Ｃ変換とＰ変換を同時に行ったとき物理法則が不変であることを意味します。

ここで少しややこしいのですが、Ｃ対称性とＰ対称性が破れていても、ＣＰ対称性は破れていないという可能性があります。つまりＣ対称性とＰ対称性の破れが互いに打ち消し合い、ＣＰ変換に対しては対称性が成り立つという可能性です。この場合、少し厳密でない言い方になりますが、Ｃ対称性が破れているので、粒子と反粒子に違いはあるものの、その違いは鏡に映した程度の違いで、あまり本質的な違いではないと言うことができます。しかし、ＣＰ対称性も破れると、粒子と反粒子には本質的な違いがあるということになります。

実際、通常の弱い相互作用において、Ｃ対称性とＰ対称性が破れていることが一九五〇年代に発見されました。しかし、その時点では、ＣＰ対称性は厳密に成り立っているものと考えられていました。ところが一九六四年に、ジェームズ・クローニンとヴァル・フィッチらの実験によって、このＣＰ対称性も破れていることが発見されたのです。これもその結論だけ頭に入れてもらえば良いと思いますが、少し専門的な話もしておきましょう。

彼らが研究したのは、一九四七年に宇宙線による実験で発見されたＫ中間子という粒子です。Ｋ中間子のうち、電荷を持たないものには、寿命の長いK_Lと寿命の短いK_Sの二種類があり、どちらもK^0とその反粒子である$\bar{K}^0$という粒子が混じったもの（量子力学でいう「重ね合わせ」）です。ＣＰ対称性があると、この混じり具合が厳密に一対一となり、その場合、

K_L粒子はパイ中間子二個には崩壊しないことが示せます。しかしクローニンとフィッチらは、K_Lのうちほんのわずか（約〇・二％）だけπ^+とπ^-に崩壊することを突き止めました。つまりCP対称性が破れていることを発見したのです。K^0と$\bar{K}^0$の混じり具合が一対一からズレていることもわかり、粒子と反粒子には本質的な違いがあることが明らかになりました。この大発見に対しては、一九八〇年にノーベル物理学賞が与えられました。

ゲルマンの提唱した「クォーク模型」とは

ここでいったん、K中間子が発見された一九四七年頃の話に戻りましょう。以前から知られていた粒子は、陽子、中性子、電子の三種類だけでした。あらゆる物質はその三つの組み合わせでできていると思われていたのです。

しかしその後、宇宙線の観測によってさまざまな新粒子が発見されました。一九三七年には電子に似たμ《ミュー》粒子（ミューオン）が見つかり、当初は湯川理論で予言されたパイ中間子ではないかと思われましたが、のちにこれは強い相互作用をしないことがわかります。正真正銘のパイ中間子は、一九四七年に発見されました。

さらに、パイ中間子に似たK中間子のほか、陽子や中性子に似たΛ《ラムダ》粒子やΞ《クサイ》粒子、Σ《シグマ》粒子といった新粒子も見つかります。これらはいずれも既知の粒子とは異なる奇妙な振る舞いをすることから「ストレンジ粒子」と呼ばれました。

また、一九五六年には、本書の第五章で取り上げるニュートリノが発見されています。この粒子は、中性子のベータ崩壊でエネルギーが保存しないように見えるという観測事実から存在が予言されていました。ベータ崩壊は中性子が電子を放出して陽子になる現象ですが、ほかにも何かを放出してエネルギーが持ち去られていると考えれば、エネルギーが減ることを説明できます。それが、ニュートリノというわけです。

さて、そうやって新たに発見された粒子と既存の陽子、中性子、電子を加えた粒子の数々は、大きく「ハドロン」と「レプトン」のふたつに分類することができます。強い相互作用をする粒子がハドロン、しない粒子がレプトン（軽粒子）です。さらにハドロンは、陽子の仲間の「バリオン」とパイ中間子の仲間の「メソン」に分類して考えるようになりました。

ここで、素粒子物理学にとって大きな疑問が浮上します。陽子や中性子に似た粒子が相次いで見つかると、それらが物質を構成する基本要素（つまり素粒子）なのだろうかということです。より基本的な構成要素が存在し、バリオンやメソンはその組み合わせでできていると考えたくなります。

では、その基本要素は何なのか。これについては長い議論がありましたが、最終的に素粒子物理学がたどり着いた結論は、一九六四年にマレー・ゲルマンが提唱した「クォーク模型」でした。

このモデルにおける基本粒子は、u（アップクォーク）、d（ダウンクォーク）、s（ストレンジクォーク）という三種類のクォーク（およびその反粒子）です。バリオンは三つのクォーク、メソンはクォークと反クォークの組み合わせでできていると考えます。たとえば陽子は、ふたつのuとひとつのd、中性子はひとつのuとふたつのdの組み合わせです。クォークの電荷は、uが「+2/3」、dとsは「-1/3」なので、三つの電荷を合わせると、陽子は電荷が+1、中性子はゼロになります。ストレンジ粒子は、どれもs、あるいはその反粒子を含んでいると考えられました。

ちなみに、このクォーク模型で中性子のベータ崩壊のことを考えると、弱い相互作用の働きがどのようなものかがわかります。ベータ崩壊は中性子が電子とニュートリノを放出して陽子に変化する現象ですが、これをクォーク模型で見ると、「ｕｄｄ」（中性子）の組み合わせが「ｕｕｄ」（陽子）の組み合わせになっている。これは、中性子を構成するひとつのｄがｕに変化したということにほかなりません。つまり、ベータ崩壊を起こす弱い相互作用には、クォークの種類を変えてしまう働きがあるのです。

三つの相互作用のメカニズム

すでに述べたとおり、素粒子の世界には、その弱い相互作用のほかに電磁相互作用と強い相互作用があります（重力相互作用は、これらとくらべて極端に小さいので、これから紹介する素粒子の「標準模型」では、とりあえずその相互作用を無視して理論を構築しています）。この三つの「相互作用」とは、いったいどのようなメカニズムで生じるのでしょうか。

たとえば陽子と電子のあいだで働く電磁相互作用は、図のように、光の粒子である光子によって伝えられます。陽子と電子が光子を交換することによって力が及び、お互いを引きつけ合うというメカニズムです。

電磁相互作用のメカニズム

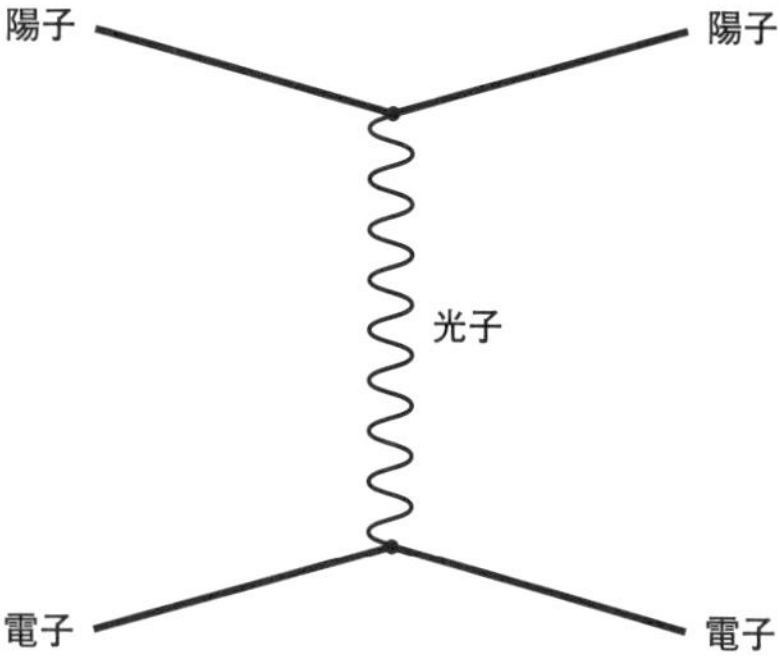

このように粒子によって伝えられるのは、電磁気力だけではありません。弱い相互作用にはウィークボソン、強い相互作用にはグルーオンと呼ばれる粒子が存在し、それぞれの作用を伝えます。先ほどのuクォークからdクォークへの変化も、ウィークボソンをやり取りするときに起こるのです。作用を伝える光子、ウィークボソン、グルーオンなどのことを「ゲージ粒子」と呼び、その相互作用を記述する理論のことを「ゲージ理論」といいます。

弱い相互作用と強い相互作用にも電磁相互作用と同じメカニズムが適用できることがわかってきたのは、一九七〇年前後のことでした。一九六七年には、電磁相互作用と弱い相互作用を統一的に記述するワインバーグ・サラム・グラショウ理論、一九七三年には強い相互作用をゲージ粒子の交換によって説明するQCD理論（量子色力学）が登場しています。

また、このゲージ理論の発展に大きく貢献したのは、一九七一年に「繰りこみ可能性」の証明に成功したゲラルド・トフーフトとマルティヌス・ヴェルトマンの研究でした。「繰りこみ」とは、特殊相対性理論と量子力学を組み合わせた「場の量子論」の計算において、無限大に発散する量が現れる問題を解決するための方法です。

場の量子論は、まず電磁相互作用について詳しく研究されました。場の量子論では電子も、電磁場と同じように「場」で記述されると考え、これらに量子力学の考え方を適用します。ここで相互作用の効果を量子力学の手法に従って計算しようとすると無限大が現れてしまいます。この問題を解決したのが、ジュリアン・シュウィンガー、リチャード・ファインマン、朝永振一郎《ともながしんいちろう》の三人が独立に開発した繰りこみの方法です。三人とも、一九六五年にノーベル物理学賞を受賞しました。

その繰りこみの方法が、一般的なゲージ理論でも可能であることを証明したのが、トフーフトとヴェルトマンです。これによって、それまでやや研究が停滞していた場の量子論が有効であることがわかり、電磁相互作用、弱い相互作用、強い相互作用の三つをゲージ理論で記述できる可能性が出てきました。これが、いわゆる「素粒子の標準模型」を成立させる大きなきっかけとなったのです。

クォークが六種類あればCP対称性は破れる

そうなると、さまざまな素粒子の現象をゲージ理論に基づいて理解しようという機運が出てきます。そこで益川敏英《ますかわとしひで》さんと私が取り組んだのは、一九六四年にK_L粒子で発見されたCP対称性の破れという現象を、ゲージ理論の枠組みでいかに説明するかという問題でした。

私たちの研究でわかったのは、ゲルマンが提案した三種類のクォークだけではCP対称性を説明するのは不可能ということです。それ以前から、ゲージ理論で記述するには最低でも四種類のクォークが必要だという議論はありましたが、私たちの考えではそれでも足りません。CP対称性の破れを説明するには、素粒子の種類がもっと多くなければいけないのです。

ゲルマンのクォーク模型

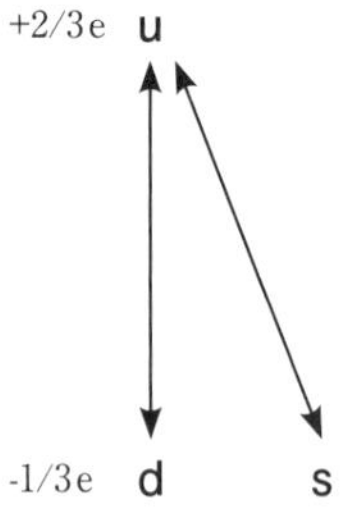

4元クォーク模型

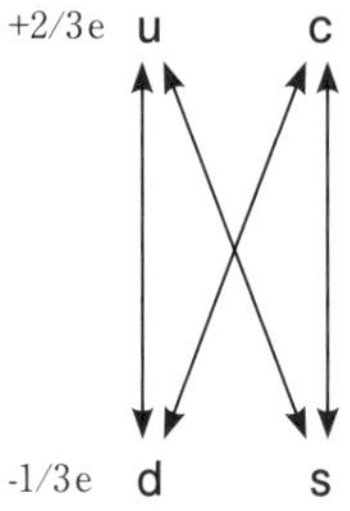

6元クォーク模型

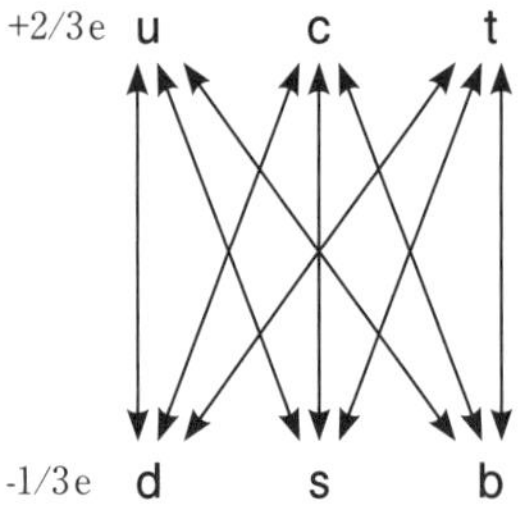

ただし、CP対称性を破るために必要な未知の素粒子は、必ずしもクォークでなくてもかまいません。しかし私たちは、ひとつの可能性として、クォークを六種類にすることを提案しました。その「6元クォーク模型」を三つの図で説明しましょう。

ゲルマンの提案したクォークは、u、d、sの三種類でした。dとsは電荷が同じ(−1/3)で、弱い相互作用で入れ替わりません。弱い相互作用で生じる変化は、u↔d、u↔sの二パターンです。

そこに未知のcクォーク(電荷はuと同じ「+2/3」)を加えて四種類にすると、d↔c、

c⟷sという変化も生じることになり、対称的な形になります。これはゲージ理論を考える上で都合の良いものでした。しかしＣＰ対称性は破れません。

私たちはさらにもう一組、それぞれ「+2/3」と「-1/3」の電荷を持つ二種類のクォークを加えることを提案しました。三種類や四種類のクォークによるシンプルなシステムではなく、図のような複雑な変化の組み合わせがあれば、その中でＣＰ対称性を破ることが可能になる。それが、一九七三年に発表した「小林・益川理論」におけるもっとも核心的な部分です。

その論文発表の翌年から、新粒子の発見が相次ぎました。まず一九七四年には、米国のふたつの加速器実験グループがほぼ同時に同じ粒子を発見。両者がそれぞれつけた名前を合わせて「Ｊ／ψ《プサイ》粒子」と呼ばれるようになりました。のちにこの粒子は、四番目のクォークであるc（チャーム）クォークとその反粒子でできていることがわかります。

さらに一九七五年には、電子やミュー粒子の仲間であるτ《タウ》粒子が発見されました。これは、クォークが六種類（二×三組）あるという私たちの理論的予想にとって、大きな意味があります。

というのも、レプトンはそれまでに電子、電子ニュートリノ、ミュー粒子、ミューニュートリノの四種類が見つかっていました。電子の仲間とニュートリノの仲間がペアのような形で存在するのです。したがって、五つめのタウ粒子の発見は、レプトンが六種類（二×三組）存在することを予想させました（実際、二〇〇〇年にタウニュートリノが発見されました）。レプトンが六種類あるならば、クォークが同じように六種類あってもおかしくありません。

そして一九七七年に五番目のクォークが発見されます。米国の加速器実験で見つかったΥ《ウプシロン》粒子は、b（ボトム）クォークとその反粒子からできていました。

しかし、そこまでは順調に新しいクォークが見つかったものの、六番目のt（トップ）クォークはなかなか発見されません。次の第二章でも触れることになりますが、日本のKEKも一九八〇年代にトリスタンという加速器実験でその発見に挑んだものの、残念ながら果たせませんでした。より大規模な米国の加速器実験でトップクォークが見つかったのは、ボトムクォークの発見から一八年後の一九九五年のことです。

物質と反物質が非対称になるためのサハロフ三条件

ただし、クォークが六種類あるとわかっただけでは、私たちの理論が正しいということにはなりません。現実のCP対称性の破れがこのメカニズムで起きているかどうかが問題です。それを検証したのが、一九九九年に始まったKEKのベル実験でした。

しかしその詳細については第三章と第四章に譲り、本章では最後に、前段で後回しにした問題についてお話ししておきましょう。物質と反物質の非対称性、つまり「なぜ反物質は自然界に存在しないのに、物質は存在するのか」という問題です。この問題は、CP対称性の破れという現象とも深く関わっています。

K中間子におけるCP対称性の破れが発見されてから三年後の一九六七年に、ソ連（当時）のアンドレイ・サハロフが、宇宙進化の過程で物質と反物質が非対称になるために必要な三つの条件を提示しました。

ちなみにCP対称性の破れが発見された一九六四年は、ビッグバンの証拠とされる宇宙マイクロ波背景放射が発見された年でもあります。このときから、宇宙が定常的なもの

（つまり物質密度が一定）ではなく、高温高密度の状態から進化していることが広く信じられるようになりました。「宇宙進化」の中で物質と反物質の非対称について考えたサハロフの三条件は、同じ年に起きたふたつの大発見を前提にしたものだったわけです。それは、次の三つでした。

（1）バリオン数非保存
（2）Ｃ非対称かつＣＰ非対称
（3）非平衡

バリオン数は、陽子や中性子が「+1」、反陽子や反中性子は「−1」。バリオンはいずれも三つのクォークでできているので、クォークのバリオン数は「+ 1/3」、反クォークは「− 1/3」です。クォークと反クォークが対生成、対消滅をくり返しているかぎり、宇宙全体のバリオン数は変化しません。それでは反物質が消えて物質だけが残ることにならないので、バリオン数が保存しないような反応が必要です。

粒子と反粒子の数が非対称になるためには、両者のあいだに何か本質的な違いがあるはずです。それが、Ｃ対称性とＣＰ対称性の破れです。

また、せっかく生じた粒子と反粒子の非対称性が、逆反応によって打ち消されてしまわないためには、熱平衡からズレていることが必要になります。

標準理論のCP対称性の破れでは足りない

では、ビッグバンで誕生した宇宙が進化する過程では、具体的にはどのようなことが起きたのでしょうか。

一九二九年にエドウィン・ハッブルは宇宙の膨張を示す現象（遠い銀河ほど地球から速く遠ざかる）を見つけました。膨張しているということは、過去に遡《さかのぼ》るほど宇宙は小さかったということ。そこで、宇宙がビッグバンという大爆発から始まり、初期は高温・高圧の状態だったと考えられるようになりました。その後、膨張するにつれて温度が下がり、現在の状態になったというわけです。その大爆発の痕跡が、一九六四年に発見された宇宙マイクロ波背景放射でした。

高温・高圧の初期宇宙はきわめて高いエネルギー状態にあるので、粒子と反粒子の対生成と対消滅が頻繁に起きたでしょう。多数の粒子と反粒子が共存し、生成と消滅が平衡状態にあったと考えられます。

しかし宇宙が膨張して温度が下がると、多くのエネルギーが必要な対生成は起こりにくくなり、対消滅が進みます。したがって、もし宇宙に粒子と反粒子が同じ数だけあったとすれば、どちらも消え去ってしまったでしょう。物質がつくられることはなく、星や銀河や私たちも生まれません。

ところが実際には、やがて宇宙では星が生まれ、それが集まって銀河となりました。そうなるためには、宇宙進化のプロセスで、何らかのメカニズムによって粒子と反粒子の数に違いが生じなければいけません。反粒子より粒子のほうが少し多ければ、宇宙に物質を残すことができます。

粒子と反粒子がまったく同じ性質であれば、選択的に粒子のほうが多くなるようなことにはなりません。数の差を生む反応を起こすためには、粒子と反粒子のあいだに何らかの性質の違いが必要です。それが、ＣＰ対称性の破れにほかなりません。実際、ＣＰ対称性が破れているような宇宙モデルを考え、進化の途中で粒子の数と反粒子の数に違いが生じることを、計算で示すことができます。

そして、すでに述べたとおり、素粒子の研究を通じて、ＣＰ対称性は破れることがわかりました。さらに、高温の宇宙では、標準理論でもバリオン数が保存しないことが知られています。ならば、反物質が消えて物質だけが残ったのはなぜかという宇宙の謎は、もう解けたようにも思えるでしょう。

でも、じつはそうではありません。現実の宇宙を説明するには、定量的な問題も解決しなければいけません。詳しい計算の結果、素粒子の標準理論で明らかになっているＣＰ対称性の破れだけでは、宇宙全体のバリオン数をつくれないと考えられています。現実の宇宙に存在する物質の量を説明するためには、何か別のＣＰ対称性の破れが必要だということです。

そのため研究者の多くは、素粒子の標準理論を超えたところに、ＣＰ対称性を破る未知のメカニズムがあるだろうと考えています。それが、現在の素粒子物理学に課せられた、大きなテーマのひとつなのです。

第二章　加速器実験の歴史

菊谷英司

菊谷英司（きくたに　えいじ）

高エネルギー加速器研究機構研究員。理学博士。一九五三年、神奈川県生まれ。京都大学理学部卒業。東京大学大学院理学系研究科修了。高エネルギー物理学研究所助手、高エネルギー加速器研究機構准教授、同史料室室長などを経て現職。

ＧＨＱに破棄された四基のサイクロトロン

中性子と陽電子が発見された一九三二年は、加速器科学にとっても、重要な年でした。英国のジョン・コッククロフトとアーネスト・ウォルトンが、史上初めて人工的につくった粒子線を使って、原子核の変換反応を起こすことに成功したのです。

彼らが建設した「コッククロフト＝ウォルトン型加速器」は、直流高電圧によって加速した陽子ビームをターゲットにぶつける静電型加速器でした。一九三二年の実験では、陽子ビームによってリチウムの原子核を破壊し、ふたつのα《アルファ》粒子（ヘリウム４の原子核）に変換しています。

これは画期的な実験でしたが、その一方で、コッククロフト＝ウォルトン型のような静電型加速器には限界もありました。高いエネルギーを得るために高い電圧をつくると、放電という現象が起きてしまうからです。人間にとって身近な放電現象が落雷です。雲に電荷がたくさん溜《た》まり、地上とのあいだに高い電圧が発生して起こる現象が「雷が落ちる」ということです。この例のように、高い電圧は宿命的に放電の現象と結びついているのです。

静電型加速器より高い加速エネルギーを得るには、放電を起こさないレベルの電圧を用いて、何度もくり返し加速する仕組みが必要でした。それを実現したのが、米国のアーネスト・ローレンスが一九三〇年代の初頭に発明した「サイクロトロン」と呼ばれる円形加速器です。垂直な磁場がかかった空間の中を粒子が内側から外側に向かってグルグル渦巻き状に運動するあいだに何度も電圧がかかり、くり返し加速させるというのが、その基本的なメカニズム。加速しようとする荷電粒子が渦巻き状の軌道をとるためには大きな電磁石が必要になります。

日本では、理化学研究所の仁科芳雄《にしなよしお》が早い段階でサイクロトロンの開発に取り組みました。一九三七年には、二六インチのサイクロトロンが完成。これは、米国以外で最初に建設されたサイクロトロンでした。その後、六〇インチのサイクロトロンも建設しています。さらに大阪帝国大学と京都帝国大学も、それぞれ二六インチのサイクロトロン建設に取り組みました。第二次世界大戦が終わったとき、（建設途中だった京都帝大のものも含めて）日本には計四基のサイクロトロンが存在したのです。こうして見ると日本はこの時点では、加速器科学の分野でまったく世界に後れを取っていなかったといえるでしょう。とくに理化学研究所が建設した六〇インチのサイクロトロンは、電磁石だけで重量が二〇〇トンという世界最大級の加速器でした。

ところが一九四五年一一月、日本を占領統治していたGHQ（連合国軍最高司令官総司令部）は、国内にあった四つのサイクロトロンをすべて破棄します。加速器を原爆製造用の機械だと判断した米国陸軍省の命令によるものでした。実験機材のみならず、研究ノートなども押収されてしまったことで、日本の加速器科学は大きな打撃を受けました。仁科はGHQ本部に乗り込んで猛然と抗議しましたが認められず、それ以降、日本は加速器を使う実験物理を禁止されてしまいます。

シンクロトロン開発に乗り遅れた日本

しかし、サンフランシスコ平和条約が締結される数ヵ月前の一九五一年五月、サイクロトロンの発明者であるローレンスが来日し、日本がこの分野の研究を再開することを支持する発言をします。これをきっかけに、加速器を使う研究は再出発しました。GHQにサイクロトロンを破棄された理研、阪大、京大がいずれも二六インチのサイクロトロンを再建し、続いて一九五五年に設立された東京大学原子核研究所では六〇インチのサイクロトロンが建設されることになったのです。

ところが一九五〇年代には、米国などでケタ違いに高いエネルギーを得られる「シンクロトロン」という加速器が建設されていました。当時のサイクロトロンのエネルギーが数十メガ電子ボルトだったのに対して、シンクロトロンはギガ電子ボルト級のエネルギーを得ることができたのです（電子ボルトは、素粒子物理学などで使われるエネルギー単位。一電子ボルトは、一個の電子を一ボルトの電位差で加速したときにその電子が得る運動エネルギー。記号はeV）。

サイクロトロンの場合、エネルギーを高めるには渦巻き軌道の最大半径を大きくして加速する距離を延ばすことになりますが、その軌道全体を磁場で覆わなくてはなりません。ちょっと考えるといくらでも大きくできそうですが、巨大な面積を磁場で覆うのはコストがかかりすぎるので、現実的には限界がありました。

それに対してシンクロトロンでは、加速される粒子の軌道は渦巻き状ではなく円形、つまり軌道の半径は一定です。これは、加速中の粒子のエネルギーの上昇に同期して磁場の強さを強くすることで実現できます。この工夫によりサイクロトロンよりもはるかに高いエネルギーに到達できるものになりました。このように、サイクロトロンとシンクロトロンの能力の違いは歴然としているのですが、技術の遅れから、まずはサイクロトロンの再建から始めざるを得なかった日本は、シンクロトロンの開発に乗り遅れる形になってしまったわけです。

六〇年代前半には原子核研究所内にシンクロトロンを建設しましたが、これは欧米で主流だった陽子シンクロトロンではなく、技術的な難度がやや低い電子シンクロトロンでした。この加速器のエネルギーは、一・三ギガ電子ボルト。世界の最先端には程遠いものでしたが、パイ中間子を人工的につくることには成功しています。湯川秀樹が予言した粒子をつくれたことは、日本の加速器研究者にとって、それなりに喜ばしいことだったでしょう。

しかし当時の世界の主流は、やはり陽子シンクロトロンでした。陽子は強い相互作用をするハドロンなので、電子（レプトン）よりも、標的にぶつけたときの反応がはるかに複雑です。電子は反応が少ない分、解析がしやすいので精密実験には向いているのですが、五〇年代から六〇年代までの素粒子物理学では、多くの反応の中から新しい粒子などを発見することに主眼が置かれていました。ですから日本でも、欧米に追いつき追い越すために、本格的な陽子シンクロトロンの建設が望まれたのです。

K2K実験で活躍したKEK PS

その陽子シンクロトロンの建設を主目的として一九七一年に設立されたのが、KEK（当時は高エネルギー物理学研究所）でした。それ以前から、原子核研究所内に設置された「素粒子研究所準備室」で陽子シンクロトロン建設の研究が進められていましたが、いよいよそれを現実のものとしようと思うと、都内の原子核研究所の敷地（現在の西東京いこいの森公園）ではとても足りません。そこで筑波の地に原子核研究所の数十倍もの敷地を確保して、新しい研究所を創設したのです。

KEKの創設と同時に建設が始まった陽子シンクロトロン（通称：KEK PS）は、五年後の一九七六年に完成しました。エネルギーは、一二ギガ電子ボルト（完成当初は八ギガ電子ボルト）。原子核研究所の電子シンクロトロンの約一〇倍です。

ところが、その時点で世界はもっと先に行っていました。ＫＥＫ　ＰＳとほぼ同時期に完成した米国の陽子シンクロトロンは、完成当時で二〇〇ギガ電子ボルト。ようやく陽子シンクロトロンは完成したものの、これほど画然としたエネルギーの差があったのでは、太刀打ちできません。

世界の趨勢《すうせい》がそのレベルになろうとしているのは早い段階でわかっていたので、まだＰＳを建設中だった一九七三年の時点で、ＫＥＫは次の加速器の計画を発表しました。のちにＫＥＫの二代目所長となる西川哲治《てつじ》が日米合同の研究集会で発表した「トリスタン（ＴＲＩＳＴＡＮ）計画」です。

これは、加速した粒子を静止したターゲットにぶつける固定標的型加速器ではなく、加速したふたつの粒子を正面衝突させてその反応を調べる衝突型加速器（コライダー）でした。同程度の規模の加速器であれば、固定標的型よりもコライダーのほうが実質的に高いエネルギーでの粒子反応が実現できます。それまでの加速器と比較して高いビーム電流を必要とするなど困難な点があり、技術的には固定標的型よりもハードルが高くなりますが、国土の狭い日本が米国などと互角に戦うには、コライダーが必要だと考えられました。

そのトリスタン計画については後述しますが、建設中に「次」の計画が提案され、一九七六年に完成した時点ですでに世界に後れを取っていたKEK PSですが、これがまったく成果なしに終わったわけではありません。一九七六年から二〇〇五年まで約三〇年にわたって運転され、さまざまな実験に使用されました。

その中でも特筆すべきは、一九九九年から東京大学宇宙線研究所のスーパーカミオカンデと共に行った「K2K実験」です。これは、二〇一五年に梶田《かじた》隆章《たかあき》がノーベル物理学賞を受賞したことで広く知られるようになった「ニュートリノ振動」という現象を調べるための実験でした。

梶田らが岐阜県飛騨《ひだ》市神岡町にあるスーパーカミオカンデでニュートリノ振動を確認したのは、一九九八年のことです。地球の大気圏上層で生成する大気ニュートリノを調べていたところ、日本の上空から降ってくるものと、地球の裏側から地面を突き抜けてやってくるものでは、数が違うことがわかりました。両者はニュートリノの飛行距離がほぼ地球ひとつ分違うため、この数の差は、裏側からの大気ニュートリノが飛行中に別の種類のニユートリノに変化したことを示す証拠だと考えられます。このニュートリノ振動は、ニュートリノの質量がゼロだと起きません。それまで素粒子の標準理論では、ニュートリノは質量ゼロとされていたので、これは大発見でした。

その発見を受けて提案されたのが、KEKの加速器を使って人工的に生成したニュートリノをスーパーカミオカンデに打ち込んで、その振動現象を観測するという壮大な実験です（K2KはKEK to Kamiokaという意味です）。

そのために、KEKはPSの陽子ビームを用いたニュートリノ発生装置を建設しました。KEKからスーパーカミオカンデまでの距離は、およそ二五〇キロメートル。大気ニュートリノの実験で得ていたデータから、神岡では振動現象が検出できることが見積もられていました。人工的につくったニュートリノは宇宙から来る天然のニュートリノよりも性質がよくわかっているので、より詳細に振動現象を調べられます。

そして一九九九年、実験開始です。まずKEK PSを使ってパイ中間子をつくり、そのパイ中間子の崩壊によって生まれるミューニュートリノを二五〇キロメートル先のスーパーカミオカンデに打ち込みました。その結果、振動現象を見事に観測し、KEK PS

はその存在意義を世界に示すことができたのです。

また、加速器の存在意義は直接的な研究結果にだけあるわけではありません。KEKは大学共同利用機関であり、さまざまな大学に所属する大学院生に実地の研究体験の機会を提供することも重要な役割です。KEK PSはおよそ三〇年におよぶ運転期間中、多くの大学院生に加速器を用いた実験に参加するチャンスを与えました。そこで博士号を取得した若手研究者たちが、次の時代の研究遂行を担うことになったのです。

ついに世界トップクラスに到達したトリスタン加速器

さて、そのPS建設中に提案されたトリスタン加速器は、発表された当初、ハドロン（陽子）とレプトン（電子）を衝突させるコライダーを想定していました。それは、内部構造がない点状粒子と考えられている電子を使って、より複雑と考えられている陽子の構造を探る目的があったからです。しかし一九八一年に当時の文部省に建設が認められた時点では、電子・陽電子衝突型（つまりレプトン同士）のコライダーに計画が変更されていました。その背景には、素粒子物理学の分野における趨勢の変化があります。

先述したとおり、五〇年代から六〇年代まで、加速器実験はさまざまなハドロンを生成し、それらを分類することが主流でした。そうであるからこそ日本も、原子核研究所の電子シンクロトロンでは満足せず、KEKを設立してKEK PSという陽子シンクロトロンを建設したのです。

しかし七〇年代に入ると、電子・陽電子衝突型加速器の活躍が目立つようになりました。とくにその有用性を如実に示したのが、前章で紹介したJ／ψ粒子の発見です。

J／ψ粒子は、ふたつの実験グループによって、一九七四年一一月に見つかりました。ひとつは、サミュエル・ティンが率いる米国ブルックヘブン国立研究所のグループ。こちらは、陽子加速器を用いた実験です。

一方、バートン・リヒター率いる米国スタンフォード線形加速器センター（現・SLAC国立加速器研究所）の実験は、電子・陽電子衝突型加速器によるもの。こちらの実験では、目的の粒子以外に余計な生成物が少なく、クリアなデータが得られました。このことが電子・陽電子衝突型加速器のすばらしさを多くの素粒子研究者に印象づけました。これを受けて、トリスタン計画も「電子・陽子」から「電子・陽電子」に向けて大きく舵を切った

トリスタンの形状

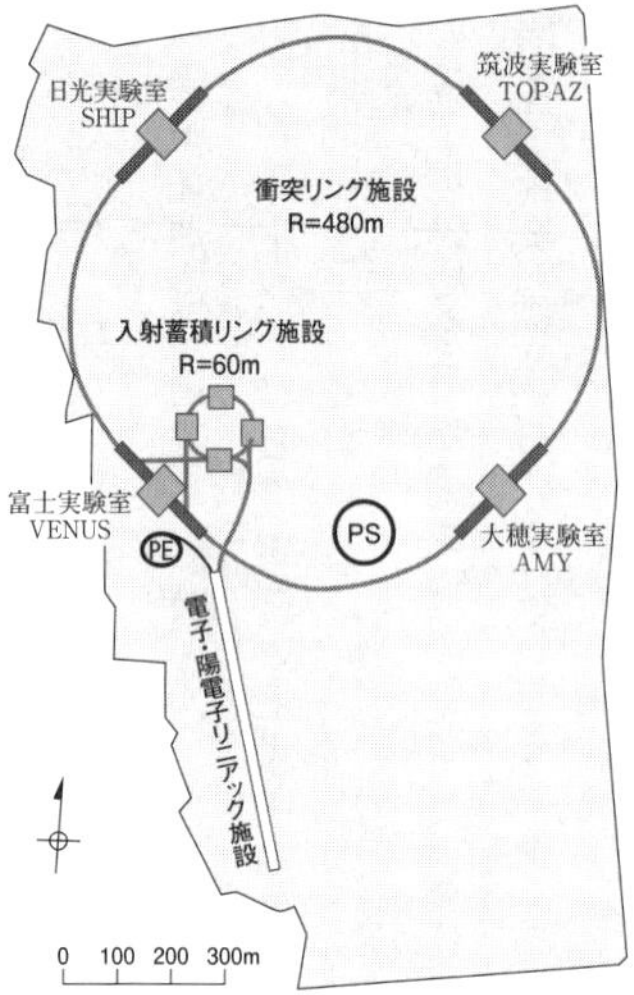

「トリスタン計画報告書」より

のです。

一九八六年に完成したトリスタンは、一周三キロメートル強の円形加速器ですが、文字どおりの「円形」ではありません。図のように、四つの直線部を四つの円弧で結んだような独特の形です。それぞれの直線部の中心で電子ビームと陽電子ビームが衝突するようにビームバンチ（ビーム粒子の塊）をふたつずつ配置し、そこに四つの測定器が設置されました。

この形状であれば、直線部に多くの加速装置を並べることで、高いエネルギーを得ることができます。実際、トリスタンのビームエネルギーは設計値の三〇ギガ電子ボルトを上回り、三二ギガ電子ボルトに達しました。こうして、短い期間でしたが、当時の世界各地にあった電子・陽電子衝突型加速器の中でも最高のエネルギーを誇ったのです。敗戦後に四基のサイクロトロンを破壊されて以来、日本の関係者たちが目指してきた世界レベルの加速器がようやく実現したといえるでしょう。

想定より質量が大きかったトップクォーク

技術面では、超伝導加速空洞を大規模に使用したこともトリスタン加速器の大きな特徴です。粒子を加速させる加速空洞は、それまで常伝導が主流でした。しかし常伝導では、外部から与える高周波電力の多くが空洞自体の壁の電気抵抗による発熱となって消費されてしまい、有効にビームに伝達されません。それを超伝導空洞にすると電気抵抗がなくなり、高い加速勾配（単位長さあたりの加速エネルギー）でビームを加速できるのです。このような特徴を持つ超伝導加速空洞を一九八九年から追加したことが、先に示した設計値を超える三二ギガ電子ボルトのビームエネルギーへの原動力となりました。

また、トリスタンは日本初の電子・陽電子衝突型の加速器だったので、その建設や実験に関わった研究者は多くの経験を積み、さまざまな技術を体得しました。この蓄積は論文を読むだけではわからない、「体や指先が覚える」ような感覚で研究者の中に培われてゆき、次の加速器、KEKB《ケックビー》建設の基礎になったのです。

実験の規模も、それ以前の加速器実験とはかなり違います。陽子シンクロトロン時代の実験グループはだいたい一〇人以下でしたが、衝突型加速器では数百人規模にまで増加しました。その規模になると、チームとしての協力体制がまったく変わってくるので、組織運営の点でも、その後の大規模加速器実験につながる貴重な知見や経験が得られました。

では、物理学上の成果はどうだったか。トリスタン計画が掲げた第一の目標は、「トップクォークの発見」です。

前章に説明があったとおり、小林・益川理論は六種類のクォークの存在を予言しました。一九七四年に第四のクォーク（チャームクォーク）、一九七七年には第五のクォーク（ボトムクォーク）が立て続けに発見されましたが、最後のトップクォークはなかなか見つかりません。八〇年代半ばに世界最高水準のエネルギーを達成したトリスタン加速器には、大きな期待がかかりました。

しかし残念ながら、トリスタンが完成し、運転を開始した後に、トリスタンのエネルギーをもってしても、トップクォークの発見には足りないことがわかってきました。従来の理論的な予想よりも、トップクォークの質量が大きいことがわかったのです。ちなみに、トリスタンが運転を終えた一九九五年に米国フェルミ国立加速器研究所のテバトロンという陽子・反陽子衝突型加速器を使った実験で発見されたトップクォークの質量は、約一七〇ギガ電子ボルトでした。

ただし、トリスタン実験で物理学上の成果がまったくなかったわけではありません。強い相互作用を記述する理論である量子色力学（ＱＣＤ）が一九七〇年代になると理論的に確立されてきましたが、トリスタン実験ではこの理論が予言するさまざまな事象を実験的に示すことができました。ひとつひとつは地味なことですが、着実にＱＣＤの足固めに貢献したということができるでしょう。

小林・益川理論の検証を目指したＫＥＫＢ

ところで、トリスタンが役目を終えようとしていた頃、世界では加速器実験をめぐる大きな動きがありました。八〇年代から計画されていた米国の超伝導超大型加速器（ＳＳ

Ｃ）が、すでにトンネルを二〇キロメートル以上も掘り進めた段階で中止に追い込まれたのです。

ＳＳＣは、全周約八七キロメートルを予定していました。現在、世界最大の円形加速器は、二〇一二年にヒッグス粒子を発見したことで知られるＣＥＲＮ（欧州合同原子核研究機構）のＬＨＣ（大型ハドロン衝突型加速器）で、その全周は二六・七キロメートル。それよりもはるかに巨大な加速器を建設しようとしていたのです。

ＫＥＫの研究者の中には、トリスタン実験の終了後にＳＳＣに参加して次の研究に取り組むことを考える人たちもいました。しかし当初の計画よりも経費が大幅に膨れあがるなどの問題が噴出したために、米国議会で一九九二年から一九九三年にかけて計画中止案が提出され、クリントン政権下でそれが可決されてしまったのです。これは米国や日本のみならず、世界中の研究者に大きなショックを与えました。高いエネルギーを求める加速器実験はどんどん大規模化が進んでおり、どの国でも最先端の実験施設をつくれるわけではありません。

そういったこともあって、ＫＥＫでは、トリスタンの技術や経験を活《い》かしつつ、この分野で世界をリードできるような次の加速器を建設することになりました。それが、小林・益川理論の検証を第一の目的として計画された電子・陽電子衝突型加速器「ＫＥＫＢ」です。

計画の立案から実行にいたるまでの過程や、ＣＰ対称性の破れの証明などに関する詳しい話は次章以降に譲りますが、ＫＥＫＢはトリスタンのために掘ったトンネルをそのまま転用して建設されました。そのエネルギーはトリスタンよりも低いものですが、ビーム電流を上げて実験で得られる素粒子反応の数で世界一になることを目指し、実際それを達成しました。

技術面で特筆すべきは、加速器に流れる電流をアンペアオーダーにしたことです。ふつうの家庭で利用される電流は三〇～六〇アンペアなので、巨大な加速器はもっと大きな電流を使うように思われるかもしれません。一アンペアとは、一〇〇ボルトのコンセントに一〇〇ワットの電気器具をつないだときに流れる程度の電流です。

しかし当時の加速器で使われる電流は、マイクロアンペア（一アンペアの一〇〇万分の一）からミリアンペア（同一〇〇〇分の一）というレベルでした。アンペアオーダーの電流を流す加速器は、ＫＥＫＢが世界初です。加速器では、電流が流れることでビームを通すパイプ内に電磁波が生じ、ビームバンチが一周するごとに自分でつくった電磁波に影響を与えてしまいます。加速器内の電流が低ければその影響は微々たるものです。しかし、実際のところ、ビームバンチは一〇〇〇個以上あり、それらは次々と後にくるビームバンチに悪影響を与えてしまうのです。電流が大きいほど振動も大きくなり、最後にはビーム自体が失われてしまいます。またビームが走るビームパイプそのものも発熱への対処などが大変になってきます。そのためアンペアオーダーの電流を流すＫＥＫＢは、運転が容易ではありませんでした。しかし研究者たちのハード・ソフト両面からの努力と工夫で性能を上げ、次章以降で説明するような成功を収めることができたのです。

そのＫＥＫＢは二〇一〇年に使命を終えて運転を終了し、その後、衝突性能を四〇倍に上げるための改造が施されました。新しく生まれ変わった加速器は「SuperKEKB」と名づけられ、試運転を経て二〇一八年から本格稼働しています。本稿執筆時点ではまだＫＥＫＢの四〇倍にまでは到達していませんが、徐々に性能を向上させることで、素粒子の標準理論を超えるような新しい物理現象を探究することを目指しています。

放射光を利用するフォトンファクトリー

ここまで、戦前のサイクロトロンに始まる日本の加速器建設の歴史を追いながら、ＫＥＫＰＳ、トリスタン、ＫＥＫＢ、そしてSuperKEKBというＫＥＫの素粒子実験用の歴代加速器についてお話ししてきました。しかしＫＥＫには、それ以外にもいくつかの加速器がありますので、ご紹介しておきましょう。

まず、一九八〇年代の初頭に完成した「フォトンファクトリー（ＰＦ）」。これは、素粒子物理学の実験に使うものではありません。物質科学の研究に使うＸ線源となる加速器です。高いエネルギーの電子が磁場の中で円軌道を描いて運動すると、「放射光」という広い波長範囲（赤外線からＸ線までの領域）の光を放つのですが、これは素粒子実験にとってはまったく害になるだけのものでした。放射光が出ていくことで、貴重なエネルギーが失われてしまうからです。しかし物質の構造や性質などを調べる研究者にとって、これは非常に質の良いＸ線源でした。そのため、一九六〇年代に原子核研究所で建設された一・三ギガ電子ボルトの電子シンクロトロンにも放射光専用の実験施設が併設されていました。

ＫＥＫのフォトンファクトリーは、より波長の短いＸ線を求める物質科学分野のために、（素粒子実験のついでに放射光を使うのではなく）放射光実験に特化した専用加速器です。完成した頃は世界でも珍しい存在だったため、一九八二年に来日したフランスのミッテラン大統領が視察に来たこともありました。ちなみに素粒子実験用の陽子加速器は素通りされてしまったので、素粒子研究者はやや寂しい思いをしましたが、まだ（世界ではあまり珍しくない）ＰＳだけの時代だったので、やむを得ません。逆にいえば、放射光加速器に関しては早い段階から日本が世界をリードする立場だったということです。

放射光施設は、いまや生物、化学、物質科学など幅広い分野の研究にとって必要不可欠なものになりました。たとえば二〇〇九年にリボソームの構造解析でノーベル化学賞を受賞したイスラエルのアダ・ヨナットは、タンパク質結晶構造解析装置のあるフォトンファクトリーを何度も訪れ、その研究の基礎を築きました。近年では、小惑星探査機「はやぶさ２」が持ち帰った試料の分析にフォトンファクトリーが使われています。

また、放射光が有用なのは基礎科学の分野だけではありません。医療分野や材料分野などの産業界でも、フォトンファクトリーは幅広く利用されています。

フォトンファクトリー建設時には、そこにビームを供給する電子線形加速器も建設されました。この加速器のビームはそのまま素粒子実験に使われることは稀《まれ》なので、その性能の割にはあまり注目を浴びてはいません。しかし、これは世界で二番目に大規模な電子線形加速器です。この加速器はフォトンファクトリーへのビーム供給だけでなく、その後、トリスタン、ＫＥＫＢ、そして現在のSuperKEKBという歴代加速器に電子・陽電子ビームを供給する入射加速器としても使われています。

国際リニアコライダーの実現に向けて

一九九七年には、一・三ギガ電子ボルトの電子蓄積リングとそれに電子を打ち込む一・三ギガ電子ボルト線形加速器からなる先端加速器試験施設（ＡＴＦ）が運転を開始しました。これは、将来建設を目指す線形加速器ふたつからなる電子・陽電子コライダー（リニアコライダー）の基礎研究を行うための装置です。

次世代の線形衝突型加速器は、一九八〇年代から世界の研究者のあいだで発案、検討されてきました。現在計画されているＩＬＣ（国際リニアコライダー）は計画によれば全長三

○キロメートルを超える長大な直線状の地下トンネルの中に設置されます。
より高いエネルギーを求める加速器実験は時代を追うごとに大規模化が進み、もはやひとつの国で担えるものではなくなってきました。建設途中で中止を余儀なくされた米国のＳＳＣ計画の挫折は、そんな現実を如実に物語るものだったともいえるでしょう。ヒッグス粒子を発見したＣＥＲＮのＬＨＣも、欧州を中心に世界各国が協力して実験を進めています。あの規模のハドロンコライダーは、いまのところＣＥＲＮにしか存在しません。

電子・陽電子衝突型のＩＬＣは、そのＬＨＣにできないことを行う国際的な実験施設です。前述したとおり、陽子衝突型の加速器は多くの素粒子反応を検出することができますが、一度の衝突であまりにも多くの粒子が現れるため、解析が容易ではありません。それに対して、電子・陽電子衝突型の加速器は反応生成物が少ないため、狙った粒子を精密に調べることができます。

たとえばヒッグス粒子はＬＨＣで発見されましたが、その性質はまだよくわかっていません。詳しくは第六章に譲りますが、素粒子物理学が標準理論の先へ進むためには、ヒッグス粒子の詳細な研究が不可欠です。ＩＬＣにはさまざまな役割が期待されていますが、ヒッグス粒子の精密測定はもっとも大きな課題といっていいでしょう。この国際的な加速器実験を実現させることが、世界の物理学を大きく前進させることにつながるのです。

ＩＬＣはまだ計画段階ですが、数年前に、日本の北上山地が建設候補地に選定されました。国の承認を得られれば、世界中の大学・研究機関からトップクラスの研究者・技術者が何千人も集まる国際研究拠点が日本に生まれるでしょう。

ＡＴＦは、そのＩＬＣのビーム衝突点でいかにビームを細くできるか、その方法を研究する施設です。ＩＬＣで加速されるビームには二〇〇億個の電子や陽電子が含まれており、薄いリボンのような形をしています。衝突の頻度を上げるために、ＩＬＣではビームを最終的に高さ五ナノメートル、幅三〇〇ナノメートルという極小サイズまで絞り込まなければなりません。さらに、その極小ビームを正確に衝突させるために位置のズレをナノメートルの精度で制御する技術も必要です。

そういった研究のできる試験加速器は、世界でもＡＴＦしかありません。そのため世界中から研究者がＫＥＫに集まり、ＩＬＣのための研究開発が進められているのです。

東海村の大強度陽子加速器「J－PARC」

最後にもうひとつ、KEKと日本原子力研究開発機構が共同で運営している加速器を紹介しておきましょう。茨城県東海村にある大強度陽子加速器「J－PARC」です。KEKのPSが運転を停止したあと、この陽子加速器で行われていた実験を引き継ぐ大規模な施設です。

この加速器の最大の特徴は、世界最高クラスのエネルギー・粒子数の陽子ビームを標的にぶつけることによって中性子、ミューオン、K中間子、ニュートリノなどの二次粒子ビームを生成し、その多彩な粒子ビームを利用することです。その用途は、素粒子物理学の実験だけではありません。中性子やミューオンのビームは「物質・生命科学実験施設（MLF）」で利用されています。中性子やミューオンは物質の中を透過するので、非破壊検査などに活用できるのです。

たとえば最近では、江戸時代の医師・緒方洪庵《おがたこうあん》が使っていた「開かずの薬瓶」の中身を調べる実験が行われました。大阪大学が所蔵する洪庵の薬箱の中に蓋が開かないものがあったのですが、貴重な文化財なので瓶を壊して中身を調べるわけにはいきません。そこで大阪大学らの研究グループが白い粉末の入った瓶をＪ－ＰＡＲＣに持ち込み、ミューオンのビームを打ち込みました。負の電荷を持つミューオンは原子につかまったときに特有のＸ線を出すので、それによって元素を特定できるのです。

その結果、この瓶の中にある元素は水銀と塩素であることがわかりました。瓶に貼られたラベルには「甘」という文字が書かれていたことから、これは当時「甘汞《かんこう》」と呼ばれていたもの（おしろいや下剤などに使われた塩化水銀）だとの結論にいたったそうです。

もちろんＪ－ＰＡＲＣでは素粒子分野でも多様な実験が行われています。ハドロンと呼ばれるクォークの集合体の性質を詳しく調べ、強い相互作用の性質を探究することがそのひとつです。また、ニュートリノビームを使った実験も大きな研究テーマです。前述のとおり、ＫＥＫ ＰＳではニュートリノビームをスーパーカミオカンデに打ち込むＫ２Ｋ実験を行いました。Ｊ－ＰＡＲＣもそれを引き継ぎ、二〇〇九年からＴ２Ｋ（Tokai to Kamioka）実験を行っています。

詳しくは第五章で取り上げることになりますが、Ｔ２Ｋ実験では、レプトンの世界におけるCP対称性の破れを検証することも重要なテーマです。しかしまずは次の章で、クォークにおけるCP対称性の破れを検出し、小林・益川理論の検証に成功したKEKBのベル実験について知っていただくことにしましょう。この実験は、素粒子物理学にとって大きな達成だったのはもちろん、世界の最前線を目指して戦前から脈々と続いてきた日本の加速器科学にとっても、ひとつの到達点だったと思います。

第三章　小林・益川理論を検証せよ～PART1

山内正則

山内正則（やまうち　まさのり）
高エネルギー加速器研究機構機構長。理学博士。一九五六年二月、北海道生まれ。東京大学大学院理学系研究科博士課程単位取得退学。高エネルギー物理学研究所助手、同助教授、高エネルギー加速器研究機構助教授、同教授、同素粒子原子核研究所副所長、同所長などを経て現職。「B中間子におけるCP非保存の発見」で第一回折戸周治賞受賞。スロベニア国家功労勲章受章。

「カーター・三田論文」とB中間子

一九七三年に発表された「小林・益川理論」は、当時まだ三種類(u、d、s)しか知られていなかったクォークが六種類以上あることを予言しました。クォークの種類がそれだけあれば、CP対称性の破れを素粒子の標準理論の枠組みで説明できることを示したのです。

そしてその予言どおり、一九九五年までにc、b、tという三種類のクォークが発見されました。でも、それだけで小林・益川理論の正しさが裏付けられたわけではありません。次は、その理論が提示したメカニズムで本当にCP対称性の破れが起きているのかどうかをたしかめる必要がありました。

それをKEKBという加速器を使って検証したのが、一九九九年に始まった「ベル実験」です。本章では、まずこのPART1で私が実験の全体像をお話しし、後半のPART2では、加速器の設計や運用で腕を振るった当事者から、KEKBの仕組みや性能などについて詳しく説明することにしましょう。

ベル実験は、KEKBで大量に生成したB中間子という粒子の振る舞いを調べることで、CP対称性の破れを検証するものでした。B中間子は、ボトムクォークと別のクォーク（uやsなど）が組み合わさった粒子です。

じつはクォークには、単独では存在できないという不思議な性質があります。ですから、陽子や中性子や中間子といったハドロンから、クォーク一個だけを取り出すことはできません。そのため、クォークにおけるCP非対称性を調べるには、クォーク自体ではなく、それを含む粒子を調べるしかないということになります。

ではなぜ、B中間子を調べるとCP対称性の破れが検証できるのでしょうか。それを理論的に示したのは、一九八一年に発表された「カーター・三田論文」でした。米国のアシュトン・カーターと日本の三田《さんだ》一郎による共同研究です。ちなみにカーターは後年、オバマ政権の二期目に国防長官を務めました。私にとってはこの論文で強い印象を受けた物理学者なので、それを知ったときはかなり驚いたものです。

それはともかく、彼らは、B中間子と反B中間子が崩壊したときにできる〝干渉縞《かんしょうじま》〟の違いを見ることで、CP対称性の破れを検証できると考えました。

ふたつのスリットを通った光がその先にあるスクリーンの上で〝干渉縞〟をつくる現象は高校の物理でも扱うので、ご存じの方も多いと思います。それぞれ別の穴を通ったふたつの光の波が干渉し合い、その強弱によって縞模様ができるのです。

詳しくは後述しますが、それと同じような現象が、素粒子でも起こると思ってもらえばいいでしょう。ここで重要なのは、B中間子と反B中間子が崩壊するときにできる干渉縞が、同じかどうかです。カーター・三田論文は、両者の干渉縞に違いがあることがわかれば、小林・益川理論のメカニズムによるCP対称性の破れが証明できる、と主張していました。

一流のSLACに一・五流のKEKが勝てるのか

カーター・三田論文に基づく加速器実験に取り組むことをKEKが検討し始めたのは、トリスタン実験が始まってから数年後のことです。

その時点ですでに、トリスタンで得られるエネルギー領域にトップクォークが存在しないことはわかっていました。次に何か新しいことをやるなら、できればトリスタンの設備を活かしたいところです。

B中間子の実験は、トリスタンと同じ電子・陽電子衝突型加速器を使うものでした。また、小林・益川理論はもちろん、カーター・三田論文にも日本人研究者が関わっています。その検証を日本でやることにも、意義を感じました。

ただし、同じ電子・陽電子衝突型の加速器を使うとはいえ、トリスタンをそのまま転用できるわけではありません。B中間子の実験のためには、加速器の性能を極限まで高める必要がありました。当時の一般的な加速器よりも一〇〇倍も高い性能が求められるという、途方もない実験だったのです。

しかもKEKはトリスタン実験で、トップクォークの発見という最大の目標を達成できませんでした。そのトリスタンがまだ稼働している段階で、次の大きな実験計画に対する行政の理解を得るのは簡単ではありません。現場の私たちの「B中間子をやりましょう」という声を受けて、文部省（当時）と予算の交渉をしてくださった菅原寛孝所長（当時）は、大変なご苦労をなさったようです。

一方、現場の私たちも研究計画についてはずいぶん議論しました。大きな物理学上の成果を出せなかったトリスタン実験の後ということもあって、しっかりした計画を立てて、必ず大成功させなければいけません。

そういうプレッシャーがあったのに加えて、私たちが研究計画を練っているのとちょうど同じ頃に、ライバルが登場しました。米国のＳＬＡＣ（スタンフォード線形加速器センター）です。

私たちがトリスタン後のテーマを考えたのと同様、ＳＬＡＣもＰＥＰ《ペップ》（陽電子－電子プロジェクト）という加速器を使った実験を終えて、次のステップに進もうとしていました。そこでＢ中間子のＣＰ対称性の破れというテーマを選び、後継機のＰＥＰⅡによる「BaBar《ババール》実験」という計画を立ち上げたのです。

研究や実験には常に競争がつきものですが、当時のＫＥＫは世界から見れば（二流とはいいませんが）一・五流ぐらいの研究所です。過去に多くの実績をあげてきた一流のＳＬＡＣに真正面から立ち向かって、果たして勝つことができるのか。誰が考えても、困難な戦いであることは間違いありません。

もちろん、サイエンスの実験というのは、先陣を争う勝負の場である以前に、自然界の真理を知るための挑戦です。正しい結論を得るためには、ひとつの実験グループだけに任せるより、複数の実験グループによるクロスチェックができたほうがいいでしょう。その意味では、ＳＬＡＣと同じテーマにＫＥＫが取り組むだけでも、学術的な意義はあります。

しかしそうはいっても、多大なコストや労力をかけてやる以上、二番手になるのは許されないという意識が強くありました。「世界で最初に発見したと言えなければ意味がない」「ＳＬＡＣとがっぷり四つに組んで勝てるのか？」といった厳しい声が、物理学界の中で上がったのも事実です。

明確に反対を表明した物理学者も、決して少なくはありません。その中には、学界で強い影響力を持つ方々もいました。いまのＩＬＣ（国際リニアコライダー）計画もそうであるように、大規模な実験計画にはそういう激しい議論がつきものです。多額の公金を投入する以上、これは当然のことでしょう。対内的にも対外的にもさまざまな議論を経て、私たちのベル実験は何とか船出を果たすことができたのです。

計画当初から、この実験では国際的な研究グループをつくりたいと考えていました。そのために一緒に努力してくれたのは、米国の物理学界に強い影響力を持つハワイ大学のスティーブ・オルセンです。まずは彼が米国人研究者たちを率いて参加してくれたのに続き、中国や韓国からもメンバーが加わるなど、ベル実験は最終的に世界一五ヵ国、約六〇の研究機関から約四〇〇人が集まる国際研究グループになりました。さらに、ＫＥＫＢ加速器チームが約八〇人。そういう陣容で、ＳＬＡＣのＰＥＰⅡ、ババール実験チームとの競争に挑んだのです。

非対称なエネルギーで粒子を衝突させる実験

この実験がそれまでの加速器実験と大きく異なる点のひとつは、衝突する電子と陽電子のエネルギーが同じではないことでした。

ふつう、衝突型加速器は、同じエネルギーの粒子を逆向きに加速してぶつけます。しかし電子と陽電子を同じエネルギーで衝突させると、Ｂ中間子の崩壊によって生じる干渉縞を調べられません。Ｂ中間子は生成してから約一・六ピコ秒（一兆分の一・六秒）で崩壊するのですが、干渉縞はその間にＢ中間子が〇・二ミリメートルほど飛ぶときに生じます。

ところが、電子と陽電子が同じエネルギーで衝突すると、生成したＢ中間子はその場に止まったまま崩壊してしまうので、ＣＰ対称性の破れを検証するのに必要な干渉縞が観測できないのです。

したがって、この実験のためには、電子と陽電子が異なるエネルギーで衝突する加速器が必要でした。電子と陽電子は質量が同じなので、同じエネルギーを与えるならば、加速させるリングはひとつで済みます。しかし別々のエネルギーにするには、電子と陽電子をそれぞれ別のリングで加速させなければなりません。それをある一点で衝突させるという、きわめて難しい技術が求められました。詳しくはＰＡＲＴ２に譲りますが、この困難な課題をクリアした加速器チームの努力と工夫は、じつにすばらしいものだったと思います。

もちろん、その加速器によって生み出される現象を捉える測定器の開発も簡単なものではありませんでした。電子と陽電子が異なるエネルギーで衝突すれば、そこから生まれるＢ中間子も非対称に飛び出します。従来の測定器とはまったく異なる条件なので、一筋縄ではいきません。

加速器実験に使用する測定器は、さまざまなセンサーがびっしりと並べられた機械です。目に見えない素粒子が飛び交う様子を見ようとするものですから、きわめて精巧なセンサ

ベル実験の測定装置

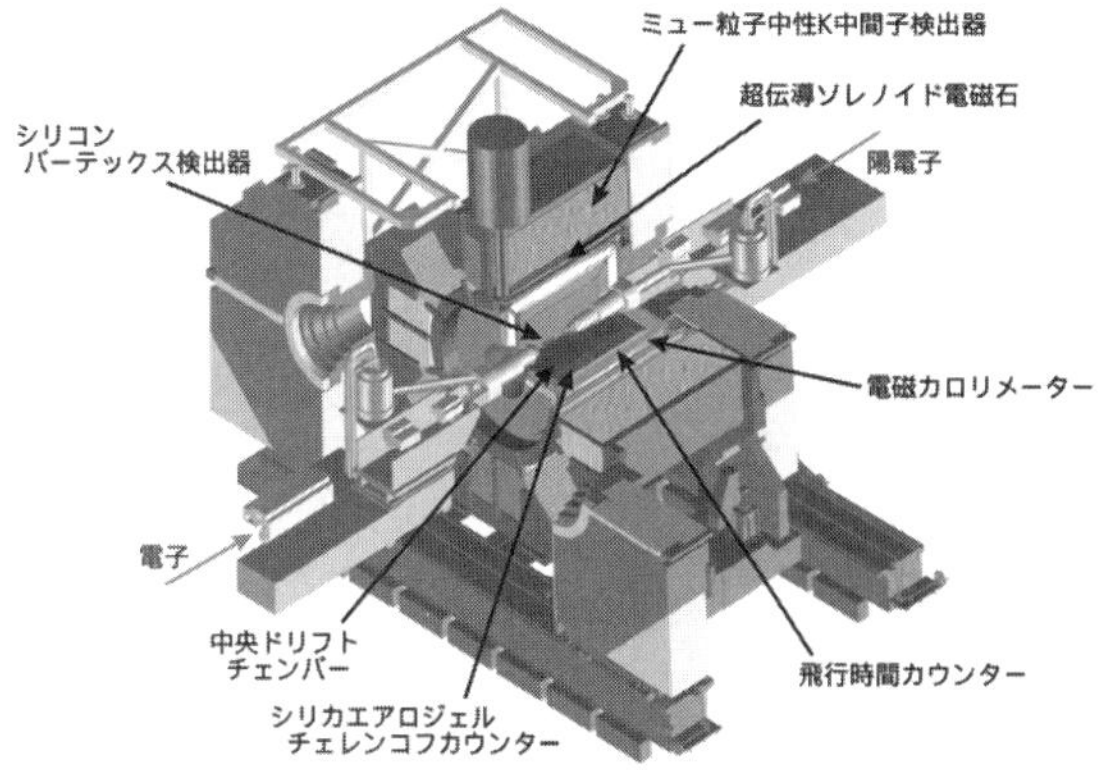

KEKホームページ「BELLE測定器の概要」より
www2.kek.jp/ja/tour/electron-51.html

ーであることはいうまでもないでしょう。

また、たとえば粒子が飛んだ方向を見るセンサーも一種類ではありません。荷電粒子と、光子のように電気を持たない粒子とでは、別々のセンサーが必要になります。図のように、七種類の測定装置が粒子の衝突点を囲むように配置されました。これらの測定装置を組み合わせた私たちのベル測定器は、縦・横・高さがそれぞれ約七・五メートルという巨大なものになりました。

先進的なSLAC、保守的なKEK

非対称な現象を捉えるのは従来の加速器実験にはなかった新しい課題でしたが、この測定器のために、画期的な新技術を使ったというわけではありません。その点は、競争相手のＳＬＡＣとはかなり違います。

どんどん新しい技術を開発しようという姿勢で臨んでいたＳＬＡＣに対して、私たちのやり方は、どちらかというと保守的でした。マンパワーも予算も決して潤沢ではないので、あまり冒険はせず、すでに自分たちの手元にある技術を使いながら着実に進めていったのです。

たとえば、崩壊したＢ中間子から出てきた粒子の種類を見分ける粒子識別装置の設計は、ＳＬＡＣと私たちとではまったく違いました。ＳＬＡＣがダークカウンターというきわめて先進的な技術を用いたのに対して、私たちが選んだのはエアロジェル検出器という昔からある技術です。電子回路の設計も、ＳＬＡＣが先進的なやり方をしたのに対して、私たちは少ない人数で確実にできる保守的なやり方を選択しました。

こうしたやり方については、ベル実験のチーム内でも「どうしてうちは新しいことをやらないんだ」という声がなかったわけではありません。しかしメンバー同士の議論を重ね、限られたリソースで結果を出すにはこの方針でいくべきだとみんなが納得した上で、計画を進めていきました。

　時間も資金も人手も決して十分とはいえませんでしたが、研究者たちのモチベーションは大変高かったと思います。私自身もそうですが、何としてもこの実験を成功させて、小林・益川の二人にノーベル賞を受賞してもらおうという思いが共有されていたのでしょう。

　ただし正直なことをいうなら、小林・益川理論の正しさを証明したいという強い気持ちがある一方で、その理論とは一致しない現象を見つけたいという矛盾した気持ちもありました。これは、素粒子物理学の実験に携わる研究者なら誰でも同じでしょう。

　実験家は、理論家が予言したとおりの現象を発見するだけでは満足できません。誰も予測しなかった新しい現象を見つけたいと考えます。すべてが素粒子の標準理論の枠組みに収まってしまったのでは、この研究分野の発展もないでしょう。既存の理論では説明できないほころびを見つければ、物理学はその先へと前進していきます。いささか下世話な表現をするなら、小林・益川理論の正しさを証明すればノーベル賞は確実、その理論のほころびを明らかにしてもノーベル賞級の発見になる。いずれにしても、「世界初」の発見を目指す実験は研究者の意欲を高めるものなのです。

電子雲対策のためにピップエレキバンも試してみた

ＫＥＫＢ加速器とベル測定器が完成して稼働を始めたのは、一九九九年一二月のことでした。しかし加速器というものは、完成時点で十分な性能を発揮するわけではありません。試運転や調整を重ねながら徐々に性能の向上を図っていくのですが、最初の二年間ほどは思うように性能が伸びませんでした。

ここで「性能」というのは、端的にいえば、Ｂ中間子をどれだけ生成できるかということです。Ｂ中間子が大量にあればあるほど、その崩壊で干渉縞が生じる事象も多くなり、データの精度も上がります。ほぼ同時期にスタートしたＳＬＡＣもその点で苦労していましたが、私たちよりは順調にデータ量を伸ばしていました。

それを横目で見ていれば、当然、こちらとしては焦りが出てきます。加速器の性能が上がらなければ、実験の成果はなかなか出ません。

そのため、加速器チームのメンバーとの議論がやや喧嘩腰《けんかごし》になることもありました。

「加速器がこのままの性能では、とてもじゃないけどＳＬＡＣとは競争にもならない。何とかしてくださいよ」

「何とかしろと言ったって、そんな都合の良い魔法があるわけじゃないんだ。加速器の性能が出なくても勝てる方法を考えるのが、きみたちの仕事だろう」

　私も、加速器チームが大変な努力をしていることはわかっていました。それでもなお「何とか頼むよ」と言いたくなってしまうほど、追い詰められた状況だったのです。

　もちろん、加速器チームと実験チームが対立していたわけではありません。目的は同じですから、お互いに知恵を出し合って問題の解決にあたるのが当然です。

　たとえば、加速器に生じてしまう「電子雲」への対処がそうでした。詳しい説明はPART2に譲りますが、陽電子の加速リング内に電子雲が生じる現象によって、加速器の性能が落ちてしまうのです。

　これは実験の成否を左右する大問題だったので、加速器チームだけでなく、私たち実験チームも、何か解決方法はないものかといろいろなアイデアを出しました。

　電子雲の実体はもちろん電子ですから、電気を持っています。ならば、その駆除には磁石が有効でしょう。適当な磁場をつくれば、電子雲の発生は防げると思われました。

しかし、KEKBは全周三キロメートルという巨大な加速器です。そのビームパイプに磁石を並べるのは、容易なことではありません。

あれこれ方策を考える中で、こんな突飛なアイデアも出ました。肩凝りなどに効くとされるピップエレキバンを大量に用意して、加速器に貼りつけようというのです。たしかに磁石は入っていますが、電子雲は肩凝りではないので、そんなことでうまくいくのかどうかわかりません。

でも、とりあえず試してみようという話になって、私が近所のドラッグストアでピップエレキバンを買ってきました。全部で一〇〇個か二〇〇個ぐらいだったでしょうか。まさか物理学の実験のために自分がそんなものを買うことになるとは思ってもみませんでしたが、使えそうなものは何でも使ってみるのが実験というものです。

しかし、それを直径一〇センチメートルほどのビームパイプに貼りつけて、磁場がどうなるかを見てみたところ、全然ダメでした。ピップエレキバンを貼った部分はたしかに磁場が生じますが、ちょっと離れると弱くなりすぎて話になりません。

そこで次に、直径三センチメートルぐらいの大きな磁石を調達して、配置もいろいろ工夫しながら数メートルにわたってビームパイプに並べてみました。調べてみると、電子雲を除去できるだけの磁場をつくれそうです。しかし、問題もありました。貼りつけた磁石の強さは一定なので、加速器の状態に合わせてコントロールすることができません。磁場を弱めたいときに、全周三キロメートルにわたって並べた磁石をいちいち取り外すわけにもいかないでしょう。磁場の強さを調節できなければ、その効き目がどれぐらいなのかを正確に把握することもできません。

こうした試行錯誤の結果、永久磁石を貼りつけるのではなく、ビームパイプにコイルを巻いて電磁石にすることになりました。これなら、磁場をコントロールできます。とはいえ、全周三キロメートルにわたってコイルを巻きつけるのは大変な作業です。単純計算で、一メートルのコイルを三〇〇〇本も巻きつけなければなりません。

その作業は加速器チームだけに委ねず、実験チームからも人を出して総力戦で実行しました。三キロメートルの巻きつけが終わるまで、一ヵ月ほどかかったでしょうか。それをやりきって、電子雲を除去する効果が確認できたときの達成感と安堵感《あんどかん》の大きさは、いまでもよく覚えています。

一〇億個のB中間子のうちデータになるのは一〇万個

加速器と測定器に関しては、初期の段階からうまくいった部分もありました。一般的に、加速器は性能が上がれば上がるほど、測定器にとってありがたくないノイズ（具体的には放射線）が増えてしまいます。「性能を上げてノイズを減らせ」というのは加速器にとって二律背反なので、加速器の性能を上げるためには、測定器のほうでノイズを防ぐような設計をしなければなりません。

その設計が、ベル測定器ではじつにうまく機能しました。そうなるはずだと考えて設計したのですが、実際に運転してノイズの少なさを確認したときはちょっと驚いてしまったほどです。ＳＬＡＣのほうは、このノイズ問題でやや苦労していました。ですからその点では、早い段階から私たちにアドバンテージがあったといえます。

その測定器を使って、どのようにB中間子がつくる干渉縞を見るのかを、ここで簡単に説明しましょう。

光の干渉縞の場合、人間の目には図の右上のように見えます。光の強弱によってこのよ

人間の目に見える光の干渉縞と干渉縞をグラフ化したもの

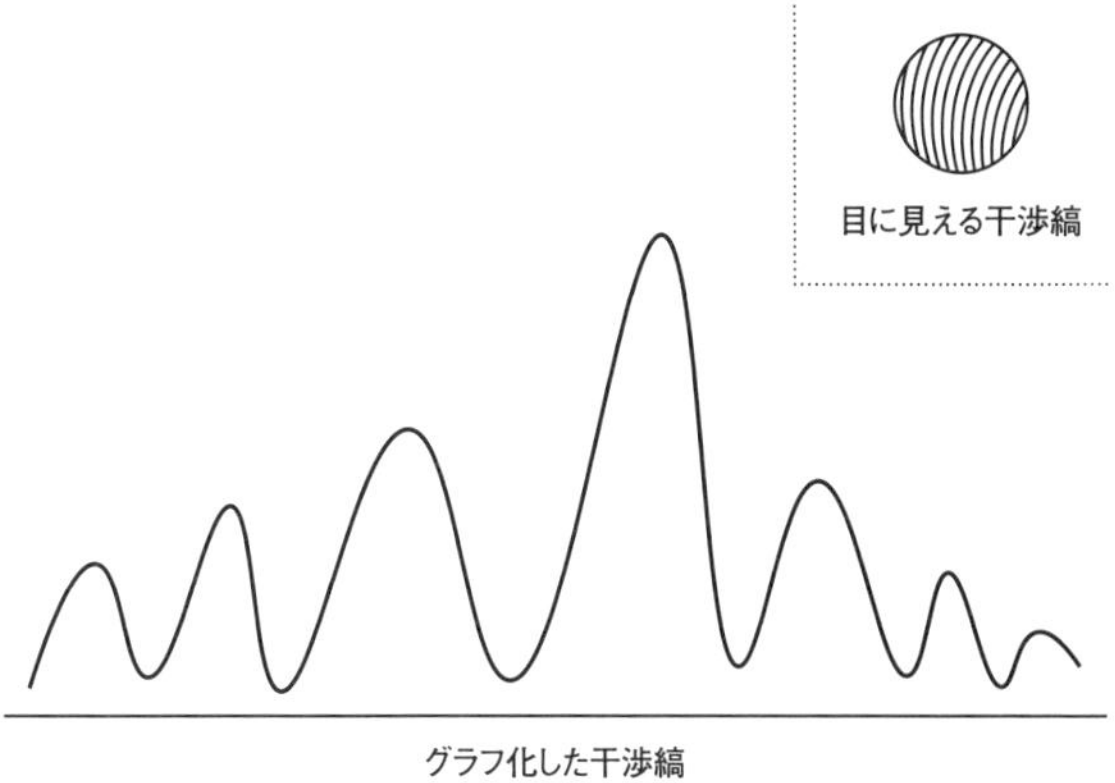

うな縞模様ができるわけですが、それをグラフ化したのが、上図の波線。人間の目にはこうは見えませんが、グラフ化すると光の干渉縞はこのような波になります。

Ｂ中間子の干渉縞も、これと同じです。ただしＢ中間子の場合は、真ん中の波とその左右に広がる波の高さの比がもっと極端で、二番目以降はずっと小さくなります。したがって実際に観測できるのは、せいぜい中央の大きなピークと両端のふたつだけ。合わせて三つぐらいの山が、干渉縞として見えます。

それを描いたのが、次頁の図です。実線がＢ中間子、点線が反Ｂ中間子の干渉縞だと思ってください。このように、それぞれ三つの山まで

B中間子と反B中間子の干渉縞

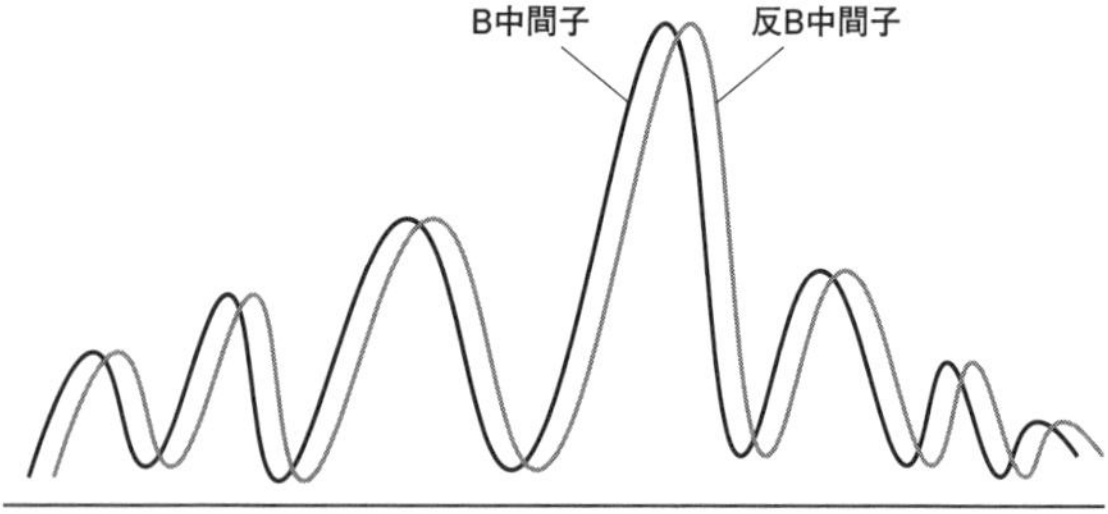

見ることができれば、Ｂ中間子の干渉縞と反Ｂ中間子の干渉縞がズレていることがわかります。

ちなみにグラフの横軸は、Ｂ中間子が飛んだ距離。Ｂ中間子は崩壊するまでに〇・二ミリメートルほど飛ぶと前述しましたが、それはあくまでも平均値であって、すべてが同じ距離だけ飛ぶわけではありません。すぐに壊れるものもあれば、ゆっくり壊れるものもあります。その時間分布を取ると、図のような縞に見えるわけです。

ただし実験では、電子と陽電子を衝突させてそのデータを取っても、すぐにこのような波形が見られるわけではありません。膨大なデータの中で、グラフをつくることのできるものはごくわずかです。ベル実験では一一年間でおよそ一〇億個のＢ中間子を生成しましたが、その中でグラフを描くのに使えたのは一〇万個程度でした。

使えるデータを選び出してグラフを描くまでには、データ解析に半年ほどの時間がかかります。毎年、三月までに集めたデータを解析して、八月に結果を発表していました。一日に生成されるB中間子は、加速器の調子が良ければ一〇〇万個程度。その中から使えるデータを取り出し、数万個のデータが溜まってから解析作業を始めます。

そこでいちばん気をつけなければいけないのは、データを取捨選択するときに入りがちな心理的なバイアスを避けること。人間には「自分の見たいものが見えてしまう」という心理があるので、放っておくと無意識のうちに求める結果に合致するデータばかり見てしまいます。

そのバイアスを避けるために、このような実験では最後の最後まで答えを見ません。グラフを見るのは最後の瞬間だけです。そして、グラフを見たあとは解析プログラムにいっさい手を加えず、たった一度だけ見たグラフをそのまま論文として発表する。ですから、最後に蓋を開けてグラフを見るときは、どんな結果が出るのかをみんなでかなりドキドキしながら見守ることになります。

雑誌の同じ号に掲載されたKEKとSLACの論文

ＳＬＡＣのババール実験とＫＥＫのベル実験が最初に実験結果を発表したのは、二〇〇〇年の夏に大阪で開催された国際会議の場です。どちらもまだデータ量が十分ではなく、確たることは何もいえない段階ではありましたが、双方とも、小林・益川理論の正しさが見えかけてきたことを報告できました。

その段階で私たちがＳＬＡＣと同じようなレベルの報告ができたのは、幸運に助けられた面もあります。というのも、私たちのデータはＳＬＡＣよりもやや質の悪いものでした。誤差がＳＬＡＣよりも大きかったのです。

物理量の測定には必ず誤差がつきまといますが、誤差の大きさが同じでも、中心値からの離れ具合によって、その評価は違ってきます。たとえば中心値が１で誤差が±０・２であれば、実際の値が「ゼロではない」と確実にいえるでしょう。しかし中心値が０・２で誤差も±０・２だったとしたら、その値はゼロかもしれません。

私たちのデータは、誤差がＳＬＡＣよりも大きく出てしまいましたが、中心値がたまたまＳＬＡＣよりも大きく出ていました。これは努力や工夫の結果ではなく、単にラッキーなだけです。しかしそのおかげで、どちらがより小林・益川理論の正しさを裏付けられているかをくらべると、ベル実験の勝ちでした。

もちろん、誤差の少ないババール実験のほうが、データの質という点で先行していたのは明らかです。したがって私たちも、単に幸運に恵まれた結果に満足したわけではありませんでした。しかし、それ以降の実験を進めていく上でこれが追い風になったのも間違いありません。その後、ＫＥＫＢの性能が向上したこともあって、二〇〇二年頃からはベル実験のデータがババール実験を上回るようになりました。

しかし、最終的に小林・益川理論の正しさを証明したのがどちらが先なのかは、じつは明確にいえるわけではありません。そもそもこういう実験は、ある瞬間にはっきりした答えが出て「いま成功した」とわかるものではなく、徐々にデータの精度が高まっていくにつれて確信が深まっていくものです。実験で得られたデータを世界中の研究者が見て、誰も疑いを持たなくなったときに、「小林・益川理論は正しい」という結論が共有される。そういうものなので、私自身、ベル実験がいつ成功したのかをはっきりということはできないのです。

ただ、ベル実験とババール実験のチームが小林・益川理論の正しさを結論づけた論文が発表されたのは、まったく同時でした。論文誌の同じ号に、両者の論文が並んで掲載されたのです。

投稿のタイミングが一日か二日ほど遅れただけで次号に回されてしまうこともあり得るのですが、あまりにもきわどい大接戦だったので、出版社も気を遣ってくれたのでしょう。私たちの実験結果を掲載したページの裏側に、ババール実験の結果が載っていました。そんなわけですから、ベル実験とババール実験の競争はどちらが勝ったわけでもなく、同時に小林・益川理論の証明に成功したと見るのが妥当なところだと思います。

科学の実験には競争が不可欠

お互いに負けたくないと思いながら激しい競争をくり広げた両者でしたが、決して敵対していたわけではありません。私自身は学生時代にSLACに行き、PEP加速器を使う実験に参加していたので、ババール実験チームには知り合いが大勢いました。競争はしながらも、友情はあります。実際、半年に一度ぐらいのペースで一緒に研究会を開催するなど、友好的に議論する機会もたくさんありました。

そういう場では、「われわれはこの課題に対してこういうアイデアを試したけれど、あまり成果があがらなかった」といったことも報告し合います。決してすべてを秘密裏に行うわけではなく、ある程度まで情報を共有し、お互いに知恵も出し合いながら、実験を進めていました。

前述したとおり、「世界初」の発見をめぐる競争は、当事者にとって大きなプレッシャーとなります。私たちだけでなく、ババール実験の人たちも相当なプレッシャーを感じていました。途中からベル実験に後れを取るようになったときには、国内でかなり厳しい批判にさらされたようです。

米国の場合、「ナンバーワン」以外は価値を認めないようなところがあるので、その結果にあまりこだわらない日本の私たちよりも、精神的には苦しかったかもしれません。いずれにしろ、競争相手なしに、自分たちの努力のみで目標に近づいていけるなら、そのほうが楽でしょう。

しかし私は、SLACとの激しい先陣争いを経験して、競争の大切さを学びました。相手の動向を見ていれば、先ほどお話ししたような考え方の違いもわかります。それによって、自分たちのやろうとしていることが何なのかも明確に認識することができました。彼らとの競争があったからこそ、私たちの実験も前進することができたのでしょう。科学研究には、このような競争が不可欠なのだと思います。

CP対称性の破れを発見した時点で、小林さんと益川さんがいずれノーベル物理学賞を受賞されることは確実視されていましたが、それがいつになるのかは誰にもわかりませんでした。二〇〇八年の発表は、ネットの生中継を固唾《かたず》を呑《の》んで見守り、大いに感激したのを覚えています。

その後もベル実験は二〇一〇年まで続きました。準備段階から一〇年以上も関わった実験ですし、ノーベル賞という大きな結果にもつながったので、自分の研究者人生のハイライトだったと思っています。

実験チームは小林・益川理論の証明のためにさまざまなアイデアを出し、やれることはすべてやりきりましたが、そのアイデアを活かすことができたのは、もちろんKEKB加速器のおかげです。加速器の性能が上がらなければ、実験チームが工夫を凝らす余地も生まれなかったでしょう。ベル実験の成功は、その六割以上が、加速器の成功によるものでした。それが、私の率直な感想です。

第四章　小林・益川理論を検証せよ～ＰＡＲＴ２

生出勝宣

生出勝宣（おいで　かつのぶ）
高エネルギー加速器研究機構名誉教授。理学博士。一九五二年、東京都生まれ。東京大学大学院理学系研究科博士課程修了。高エネルギー物理学研究所助教授、高エネルギー加速器研究機構教授、加速器研究施設施設長、ＣＥＲＮ客員教授などを歴任。高エネルギー加速器科学研究奨励会奨励賞（西川賞および諏訪賞）、仁科記念賞、米国ロバート・Ｒ・ウィルソン賞などを受賞。

高く掲げたルミノシティの目標値

トリスタンを活用して、エネルギーが非対称なBファクトリー（B中間子を大量に生成する加速器）をつくれないか——私が最初にそんな相談を受けたのは、一九九八年のことだったと記憶しています。そのアイデアを思いついたのは、高崎史彦さん（KEK名誉教授）でした。カーター・三田論文で提案されたB中間子によるCP対称性の破れの検証をするには、電子と陽電子を非対称なエネルギーで衝突させる加速器が有効であることに気づかれたのです。

それを受けて私たちが最初に考えたのは、サイズの異なるふたつのリングを組み合わせるスタイルの加速器でした。エネルギーの高いほうの粒子はトリスタンの大きなリング（二五ギガ電子ボルト）で加速し、それとは別に一・一ギガ電子ボルト程度の小さなリングをつくって、エネルギーの低いほうの粒子をそちらで加速するというやり方です。これを衝突させると重心系のエネルギー（双方の粒子の重心でのエネルギー）が約二八ギガ電子ボルトになり、B中間子を生成できるという計算でした。

しかしKEKの同僚で当時はCERN（欧州合同原子核研究機構）で研究をしていた平田光司さんが、サイズの異なるリングで粒子を衝突させるとビームが不安定になってしまうことを明らかにしました。そこで最初の案は引っ込め、完全に同じサイズのリングでエネルギーが非対称な加速器を考えることになったのです。

エネルギーは、一方が八ギガ電子ボルトで、もう一方が三・五ギガ電子ボルト。ちなみに、同じような時期に計画が始まっていたSLACのPEPⅡは九ギガ電子ボルトと三・一ギガ電子ボルトの組み合わせでした。

次の問題は、ルミノシティの目標設定です。ルミノシティとは、端的にいうと加速器の衝突性能のこと。大まかには、ビームの中に存在する粒子の数と、そのビームが衝突点でどれだけ細く絞り込まれるかで決まるものですが、ここではもう少しだけ詳しく説明しておきましょう。

加速器実験ではビームの衝突によって多様な素粒子反応が起きますが、ある特定の反応（ベル実験でいえばB中間子の生成）に注目した場合、それが起きる度合いのことを物理学の世界では「断面積（σ《シグマ》）」と呼びます。これは物理法則で決まるので、加速器をどう設計しても変わりません。

そして、実験によって単位時間にその素粒子反応が起きる回数（Ｙ）は、断面積に比例します。その比例定数が、ルミノシティ（Ｌ）です。式にすれば、「$Y=L\times\sigma$」。σは物理法則で決まっているので、反応の回数をできるだけ多くするには、できるだけＬ、すなわちルミノシティを大きくする必要があるわけです。ルミノシティをどれだけ大きくできるかで、衝突型加速器の価値が決まるといっても過言ではないでしょう。

私は、そのルミノシティの目標値を10^{34}（毎秒毎平方センチメートル）に設定することにしました。当時、世界の加速器は10^{32}が最高到達ルミノシティでしたから、２ケタも大きい目標です。そのため、「目標が高すぎるのではないか」という声もありました。

それでも私があえて高い目標を設定したのは、それより少し前にある経験をしたからです。当時、私はＳＬＡＣにも籍を置いて研究をしていました。そこで、ＫＥＫ用の加速器リングのルミノシティを5×10^{33}にするデザインを発表したことがあります。しかしそれに対して、シャポンというローレンス・バークレー研究所（ＬＢＬ）の教授からこんな批判を受けました。

「きみのデザインは消極的だ。なぜ5×10^{33}でやめるんだ。ＰＥＰⅡは10^{34}を目標にしている。わざわざそれより低い目標にするなんておかしいだろう」

たしかにそうだな、と思いました。どこかに限界があるなら、それを見極めるような数字を目指さなければ意味がない。適当なところで手を打って低い数字で設計しても、単に性能の低いマシンができるだけで、何も進歩しません。そういう考え方をＳＬＡＣで仕込まれたので、あえて10^{34}という高い目標を設定しました。

ところがその後、ＳＬＡＣのＰＥＰⅡはルミノシティを3×10^{33}に下方修正します。それで嫌気がさしたのか、あるいは居づらくなったのかはわかりませんが、私に助言をしたシャポン教授はＰＥＰⅡを去ってしまいました。私としてもやや納得いかない思いはありましたが、ともかくそんなわけで、ＫＥＫＢはＰＥＰⅡよりも高いハードルを自らに課すことになったのです。

トリスタンの大きなトンネルが役に立った

では、従来よりも二ケタも高いルミノシティを達成するには、何が必要なのか。そのための課題はいくつもありましたが、まず、ルミノシティは蓄積電流に比例するため、蓄積電流を大きくしなければなりません。

それも、トリスタンより二ケタも多い設計値でした。トリスタンの最高蓄積電流は二五ミリアンペア程度でしたが、KEKBでは陽電子のリングで二・六アンペア、電子のリングで一・一アンペアという、当時としては世界最大の電流を蓄積することになったのです。この破格の仕様を実現するには、多くの人たちのさまざまな努力が必要でした。

また、ルミノシティを大きくするためには、ビームサイズをできるかぎり小さくしなければなりません。結果的には、設計値である二ミクロン×一一〇ミクロンよりも小さい、リングコライダーとしては世界最小のビームサイズを達成することができました。

加速器は、継続的にビームを衝突させるために、電子や陽電子などのビームを長時間にわたって蓄積する必要があります。KEKBでは、一時間以上の蓄積ができるようにしないといけませんでした。そうしないとビームがどんどん失われてしまい、電子や陽電子を供給する入射器の性能が追いつかなくなってしまいます。

その条件をクリアしながら、同時にビームサイズを小さくするのは、技術的に大きなチャレンジでした。ＫＥＫＢでは、衝突時のビームの集束の度合い（衝突点ベータ関数：小さい程難しい）が、トリスタンの三分の一にまで絞られています。

衝突点でビームを絞り込むことを含め、リング内でビームを安定に保持するためのシステムのことを、私たちの世界では「ビーム光学系」といいます。ビームを光のように見立てて、凸レンズや凹レンズを組み合わせて使いながらそのサイズを調整するシステムです。大電流を蓄積しようとすると、ビームと加速空洞やビームパイプなど環境との相互作用によって、ビームが安定しません。

また、シンクロトロン振動数の問題もありました。リングの中を回るビームが前後に振動することをシンクロトロン振動と呼び、その振動数が高すぎると大電流が蓄積しにくくなってしまうのです。

その一方で、ビームを集束させるためには、ビームそのものの長さをなるべく短くする必要がありました。ビームはリングの中の一ヵ所で絞り込むのですが、そのエリアの外では急激に大きくなります。

イメージとしては、砂時計の形を思い出してもらえばいいでしょう。真ん中のくびれた部分がビームが集束した状態、上下の太い部分がビームが広がった状態です。広がったビームを衝突させても意味がないので、集束させたビームがくびれの部分にちょうど収まるような長さにしなければなりません。

その長さの調節と、先ほどのシンクロトロン振動数の抑制というふたつの課題は、トリスタンのビーム光学系のままではクリアできませんでした。しかし、KEKB専用のビーム光学系を設計する上で有利だったのは、そのトリスタン用に掘られたトンネルが大きかったことです。このビーム光学系の構築には、補正のために六極磁石という特殊な磁石をたくさん使うのですが、KEKBはトンネルが大きいので、十分な数を配置できました。PEPⅡも同じ課題を抱えていましたが、トンネルが小さいため片方のリングにしか配置できず、あまり効果が上がらなかったようです。

ビームを安定させる「アレス空洞」の開発

トリスタンのトンネルが大きかったことは、ビームの不安定性を解消するために開発した「アレス空洞」という装置を設置する上でも有利に働きました。

大電流のビームが不安定になる要因は、ビームの加速という作用に対する反作用が無視できない大きさになることです。ビームを安定させるには、空洞の中に電磁場のエネルギーを溜め込んで、その反作用を打ち返さなければなりません。

しかし通常の銅製加速空洞では、内部に溜め込める電磁波エネルギーの総量が壁面電流の熱損失によって制限されてしまいます。それに対してアレス空洞では、低い熱損失で大きな電磁波エネルギーを溜め込むために、表面に銅メッキを施した大型鋼製円筒を使用しました。このエネルギー貯蔵空洞が加速空洞の約九倍の電磁波エネルギーを蓄えることで、ビームからの反作用の影響が一〇分の一程度まで軽減されるのです。（https://www2.kek.jp/accl/introKEKB/gaisetu/kekb7-1.html）

しかしアレス空洞はかなり大きな装置なので、二本のビームパイプを通す以外は人が歩けるスペースぐらいしかないＰＥＰⅡのトンネルには置けません。たまたまトリスタンのトンネルの断面積が大きくつくられていたので、ＫＥＫＢはアレス空洞を設置するスペースがあったのです。

トリスタンのトンネルが大きくなったのは、当初、電子・陽電子の衝突だけでなく、陽子と電子の衝突実験も行おうという計画だったからです。結局、陽子の実験は見送られたので、その時点では無駄に大きなトンネルになってしまったわけですが、ＫＥＫＢではそれが大いに役立ちました。

一方、トリスタンで世界に先駆けて大規模に実用化された超伝導空洞も、その高電場により巨大な電磁場エネルギーを持ち、大電流の蓄積を可能にします。ＫＥＫＢでは蓄積電流が相対的に少なく、エネルギーの高い電子リングでは超伝導空洞とアレス空洞が組み合わされています。超伝導空洞自体もトリスタンの高加速勾配型ではなく、新たに高電流対応型が開発されました。

ちなみに世界的にはこちらの超伝導空洞が放射光リングな

アレス空洞

巨大な蓄積エネルギーで大電流を安定的に加速。バンチごとのフィードバックでほかの不安定性も抑制。

どでは主流となっており、ＫＥＫＢの超伝導空洞も中国や台湾の加速器に輸出され現在も稼働中です。

そういった工夫によって、加速空洞に起因するビームの不安定性が解消され、ＫＥＫＢは放っておいてもビームが安定するという世界でも稀有《けう》な加速器になりました。ＰＥＰⅡの加速空洞は斬新なものでしたが、ビームを安定させるために、さまざまな装置からのフィードバックを受けて人為的に安定化を図らなければなりません。ＫＥＫＢはその必要がなかったわけです。どんな加速器でも多少なりともビームの不安定性は起こりますが、その頻度は、ＰＥＰⅡがおよそ八時間に一度だったのに対して、ＫＥＫＢは二四時間に一度。ビームの安定度は、ＫＥＫＢのほうがはるかに高くなりました。

甘く見ていた電子雲の影響

しかしその一方で、ＰＥＰⅡには生じなかったのに、ＫＥＫＢでは起きてしまった大問題もあります。それが、ＰＡＲＴ１でも取り上げた「電子雲」の発生でした。

電子雲は陽電子リングに起きる現象で、電子リングには生じません。陽電子ビームがリングの中で軌道を曲げると放射光が出ますが、それが直進してビームパイプの壁にぶつかると、そこから「光電子」と呼ばれる電子が出てきます。光電子は負の電荷を持っているので、正の電荷を持つ陽電子ビームに引き寄せられて、ビームのまわりに雲のように集まってくる。この電子雲がビームと力を及ぼし合うことで、ビームの不安定性が起きてしまうのです。

この現象自体は、KEKBより前に建設されたフォトンファクトリーでも観測されていました。加速器のリングと光電子がぶつかると、その隣のバンチ（ビーム粒子の塊）や後方のバンチに影響を及ぼします。それはわかっていたのですが、KEKBの設計時点では、バンチの振動を止めるようなフィードバックがあれば問題ないだろうと考えていました。

しかし実際に運転を始めてみると、この問題はそんなに生やさしいものではありませんでした。ひとつのバンチは五～七ミリメートル程度の陽電子の集まりなのですが、これが電子雲の中に突っ込んでいくと、バンチ内部で振動を始めてしまいます。バンチ内部の振動はKEKBの場合一〇ギガヘルツ前後と周波数が高く、検出するだけでも困難。フィードバックなど到底できません。ひとたび電子雲が発生すれば、もう抑えることはできないということが、KEKBを動かしてみて初めてわかったのです。

じつは、この電子雲が深刻な問題になり得ることは、SLACのフランク・ツィンマーマンやトール・ラウベンハイマーなどが、論文ですでに指摘していました。おもにリニアコライダー（線形衝突型加速器）に関する論文だったため、円形加速器に集中していた私たちはあまり関心を寄せていなかった面もありますが、その指摘を十分に理解していなかったことは大きな反省点です。

そもそも、バンチの振動が起きたときには、その原因がよくわかりませんでした。いったい何が起きているのかと途方に暮れているときに、ちょうどKEKを訪れたツィンマーマンに「これは私が言っていた電子雲が引き起こしているのではないか」と指摘されて、初めてその可能性に気づいたのです。

全周三キロメートルに巻きつけたソレノイド

では、どうするか。PART1でも触れているとおり、解決策は磁石です。ビームパイプの壁から発生する光電子はエネルギーが低いので、ビームパイプの進行方向に弱い磁場を与えてやれば、その磁力線に巻きついてしまい、陽電子ビームまで近づいてこないことが予想できました。そうなれば、電子雲は発生しません。

そこで最初は多数の永久磁石をビームパイプのまわりに置いてみました。しかし、たしかに加速器の性能は向上したものの、永久磁石はスイッチのオン／オフができないので、それがどれだけ効いているのかわかりません。そのため、ＰＡＲＴ１でも述べたとおり、ソレノイド（電磁石のコイル）を陽電子リングに張り巡らすことになりました。やってみると、ソレノイドを巻き足せば巻き足すほどビームサイズが小さくなり、ルミノシティも高くなります。

明らかに効果があることがわかったので、ベル実験グループの人たちにも手伝ってもらい、全周三キロメートルのビームパイプ全体にソレノイドを巻きつけるという大作業を総がかりで実行しました。当然ながらビームパイプはもう完成しているので、現場に行ってみんなで手作業で巻きつけるしかありません。写真のように、長いソレノイドだけでなく、短いソレノイドも用意して、狭いところにもできるだけ巻きつけるようにしました。この作業のために、ソレノイドを自動的に巻きつける機械もつくっています。

ソレノイドを巻きつける

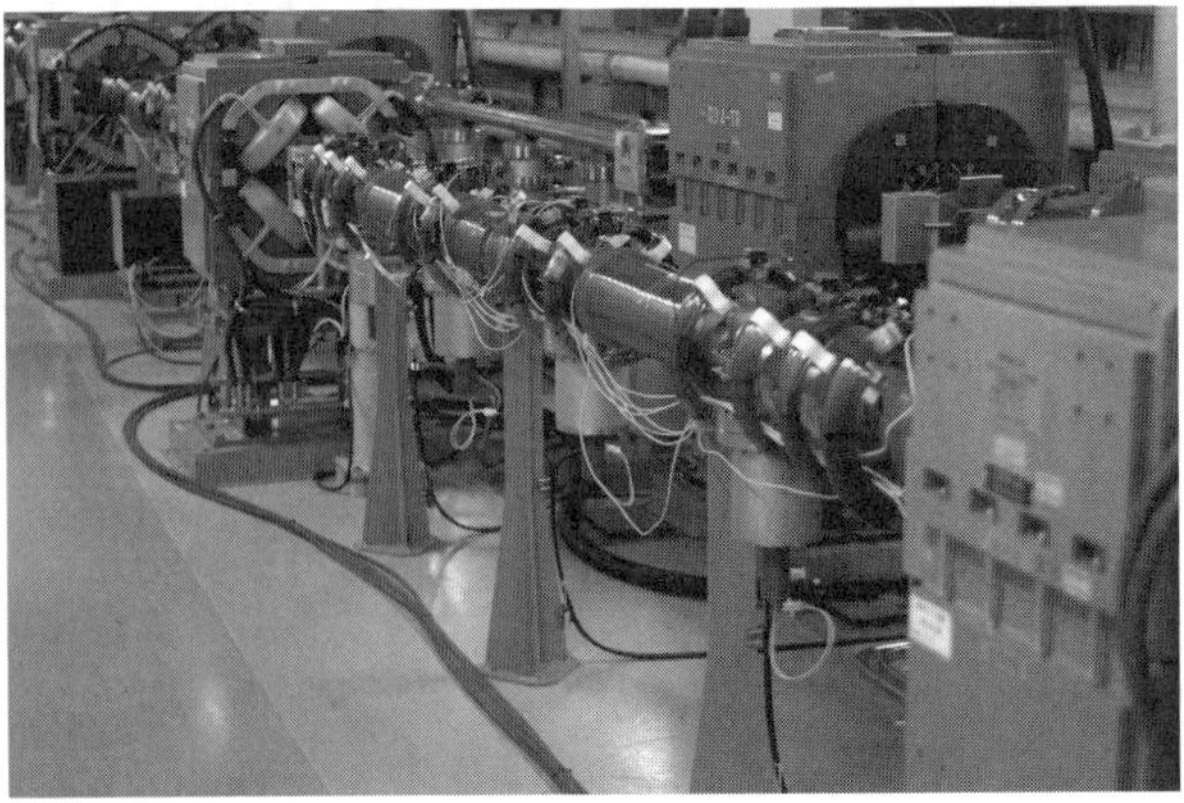

その地道な努力が実を結んだことを示すグラフをお見せしましょう（次頁）。縦軸がビームサイズ、横軸が電流です。

いちばん左の山は、二〇〇一年七月に電磁石をオフにした状態のもの。ご覧のとおり、ある電流を超えたところで急激にビームサイズが大きくなっています。これが、電子雲の影響にほかなりません。

その右側が電磁石をオンにしたときのもので、明らかにビームサイズの上昇が抑えられています。ここからさらにソレノイドを巻きつけていった結果、二〇〇二年二月には電流を増やしてもビームサイズは大きくならなくなりました。この時点で、電子雲の問題はほぼ克服されたと

陽電子リングの電子雲問題

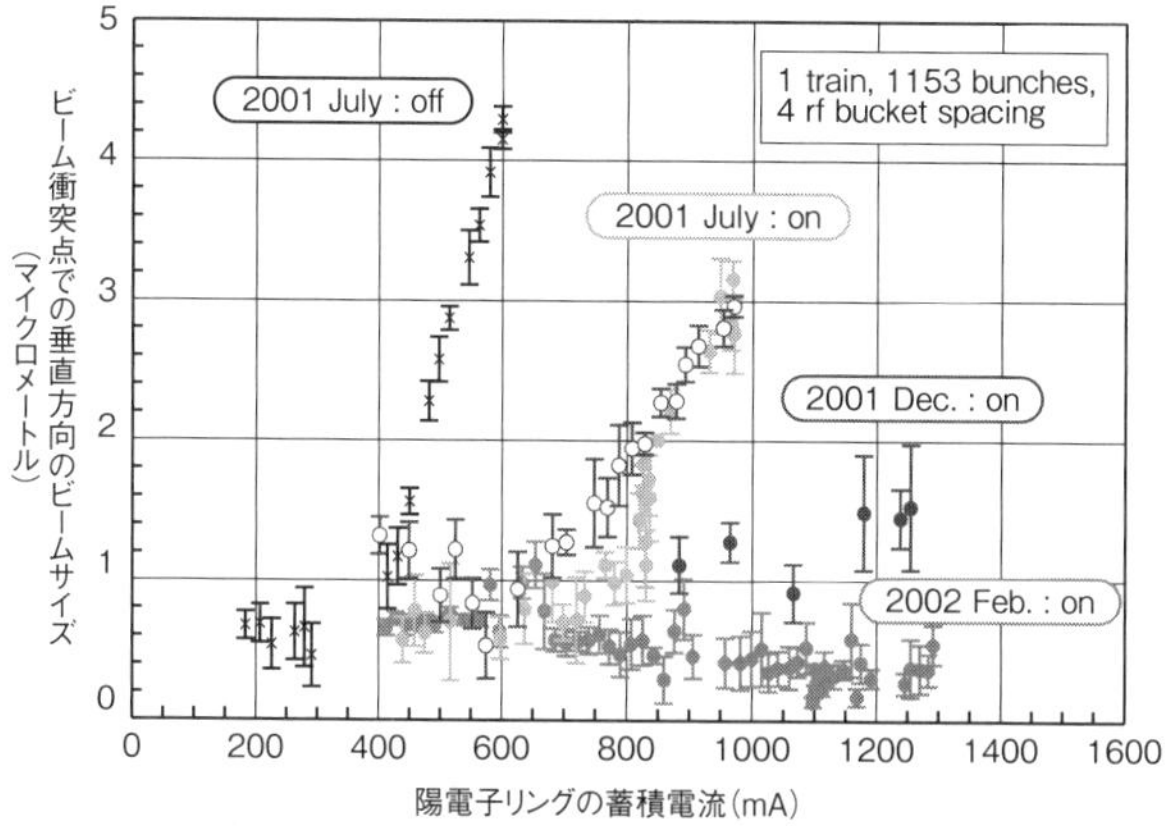

観測および図作成　福間均ほか、KEK Annual Report 2001に掲載

いうわけです。

ちなみにＰＥＰⅡのほうは、陽電子リングのビームパイプにアンテチェンバー（控えの小部屋の意味）と呼ばれる装置を取り付けていたことで、電子雲の問題を避けることができました。リングから発せられる放射光を外に取り出して、光を吸収する仕組みです。ただし、これはもともと電子雲対策ではありません。放射光を効率よく取り出すことで、ビームパイプ内の真空度が下がらないようにするのが目的でした。しかしこの仕組みだと、放射光がビームパイプに直接ぶつからないので、電子雲が発生するとしてもアンテチェンバーの中だけで

す。

そのため彼らは電子雲と戦う必要がなく、実験開始から二年間ほどはＰＥＰⅡのほうがＫＥＫＢよりも明らかに高いルミノシティを得ていました。ＫＥＫＢは、ソレノイドの巻きつけ作業によって電子雲問題を解決したことで、ＰＥＰⅡに追いつき追い越すことができたのです。

入射器のハンデを無化した連続入射

ところで、加速器のリングに大電流を蓄積するためには、入射器（電子と陽電子をつくって下流の加速器に供給する線形加速器）からも大電流を送らなければいけません。リングの電流は一定の時間で失われてしまうので、入射器からの補充が必要なのです。そのためＫＥＫＢでは、電子・陽電子入射器リニアック（ＬＩＮＡＣ）も大幅に増強しました。

もともとフォトンファクトリーとトリスタンのためにつくられたＫＥＫのＬＩＮＡＣの加速エネルギーは二・五ギガ電子ボルトでした。トリスタンでは蓄積リング（ＡＲ）を介した入射のため、このエネルギーでしのいでいましたが、ＫＥＫＢではＬＩＮＡＣからの直接入射をしないとビームの供給が追いつきません。そこでKEKBでは直接入射が可能になる八ギガ電子ボルトまで増強しました。しかしSLACにある二マイル線形加速器の加速エネルギーは五〇ギガ電子ボルトで、陽電子生成能力には一ケタ以上の差があります。また、LINACのくり返し周波数でもSLACの一二〇ヘルツに対しKEKは五〇ヘルツとまだ劣っています。

そこで問題になったことのひとつが、なぜかLINACがKEKの敷地ギリギリのところにつくられていたことです。線形加速器のエネルギーを上げるには、距離を延長しなければいけません。八ギガ電子ボルトまで上げるには、当時四〇〇メートル程度だったLINACを六〇〇メートルまで延ばす必要がありました。ところが二〇〇メートルも延ばすと、加速器が敷地の外に出てしまうのです。

これには参りましたが、外の土地を買収するわけにもいきません。やむを得ず途中で一八〇度折り曲げ、U字型の線形加速器という言葉の上では矛盾した世界的にも希少な装置になりました。

ちなみに入射器では、陽電子をつくるために、まず電子を加速して金属の標的にぶつけます。標的の原子核に電子が当たるとガンマ線が生じ、そのガンマ線が別の原子核に当たると、電子と陽電子の対生成が起こる。その陽電子をビームとして使うわけです。

つくられる陽電子の量は、金属の標的にぶつける電子のエネルギーが大きいほど多くなります。そのエネルギーが、SLACの入射器では三〇ギガ電子ボルトでした。トリスタン時代のLINACは四〇〇メガ電子ボルト（〇・四ギガ電子ボルト）でしたから、これではあまりにも低すぎます。KEKBでは、LINACを二〇〇メートル延長したことで、それを四ギガ電子ボルトまで高めることができました。もちろん、それでもSLACの七分の一程度ですから、入射器の性能ではかないません。

しかし、二〇〇四年頃にその劣勢を補う方法が採用されました。「連続入射」です。それまでのLINACは、コライダーにビームを溜めて衝突実験が始まったら、入射を止めていました。ある程度までコライダーの電流が減ってきたら次の入射を行うという、断続的な運転です。

ところがあるとき、SLACが連続入射をやりそうだという話が伝わってきました。電流が減るのを待たずに次々と入射する手法です。ただでさえ入射器の性能で劣っているのに、相手にそんなことをやられたのでは、もう追いつけません。そこでKEKでも急遽《きゅうきょ》、連続入射に取り組むことになりました。

LINACでは、運転中にしばしば電子と陽電子の切り替えを行わなければなりません。断続的な入射ではその切り替えに一分ほどかけていたのですが、連続入射をやるためには切り替え時間を短縮する必要がありました。技術的にはこれが非常に難しいポイントでしたが、LINACチームの努力で短期間のうちにそれが実現しました。連続入射を始めたのは、SLACとほぼ同時だったと思います。リングによってはKEKBのほうが少し早かったかもしれません。

どちらも連続入射をしたのでは、SLACとの差は縮まらないと思われるでしょう。しかし、そうではありません。連続入射の場合、コライダーで減った分のエネルギーを継ぎ足すだけなので、一回あたりのチャージ量は本来のチャージ量よりも少なく済みます。そのため、陽電子を生成するポテンシャルは低くてもかまいません。ビームをゼロからある程度まで溜めるときだけは、そのポテンシャルが高いほうが有利になりますが、いったん溜まって不足分を継ぎ足す段階になると、入射器の能力差は関係なくなってしまうのです。

したがって、連続入射に切り替わった時点で、ＫＥＫＢとＰＥＰⅡは純粋に加速器リングの性能だけで競争することになりました。

危険視された「有限交差角衝突」の採用

さて、もうひとつ、ＫＥＫＢとＰＥＰⅡで大きく設計が異なっていた点についてお話ししましょう。それは、電子と陽電子の衝突点の設計です。

別々のリングを通ってきた電子ビームと陽電子ビームは、衝突点で重なった後に、再び引き離さなければいけません。そうしないと電子ビームが陽電子のビームパイプに（あるいは陽電子ビームが電子のビームパイプに）入ってしまいますし、衝突点ですれ違ったバンチが、反対側から来る後続のバンチと反応してしまいます。

その衝突点での分離方法が、両者ではまったく異なりました。ＰＥＰⅡが採用したのは、電子と陽電子を正面衝突させてから、永久磁石で分離する手法です。それに対してＫＥＫＢは、ふたつのビームを正面衝突させるのではなく、図のように少し角度をつけて衝突させる「有限交差角衝突」という手法を選びました。

有限交差角衝突

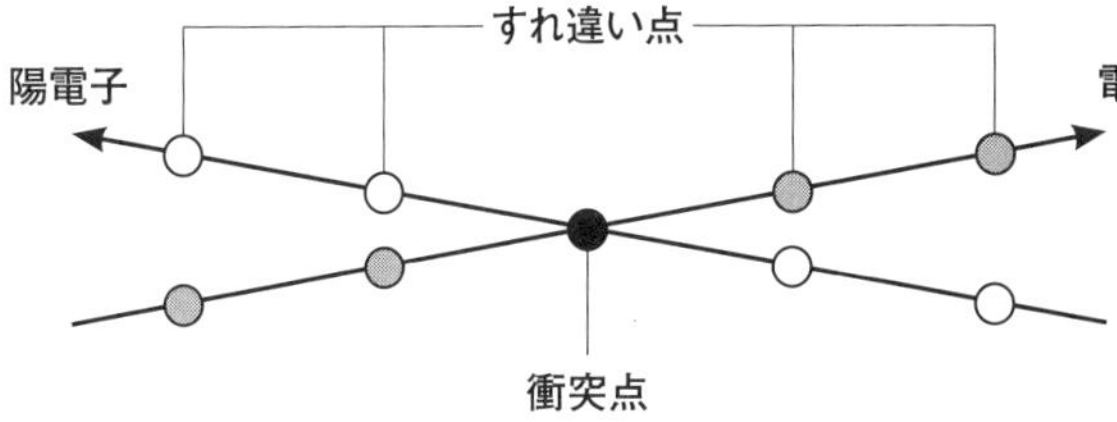

正面衝突したふたつのビームを急速に分離させるには、きわめて強力な永久磁石が必要です。衝突点付近にはあまりスペースがないので、ふつうの電磁石を置くことはできません。しかし当時のKEKには、まだそういう強い永久磁石をつくる技術がありませんでした。開発には着手していたものの、うまくいく見通しが立っていなかったのです。

そのためKEKBでは、有限交差角衝突を採用しました。こちらのほうが、衝突点の設計が簡単になるというメリットもあります。ただしこの方式には、失敗した先例がありました。一九七〇年代にドイツ電子シンクロトロン研究所が開発したDORISという電子・陽電子衝突型加速器です。衝突点に交差角をつけたこの加速器は目標のルミノシティを達成することができず、競争相手だったSLACのSPEARという加速器に後れを取ってしまいました。ちなみに、そのSPEARは、本書でも何度か紹介しているＪ／ψ粒子を発見したバートン・リヒターの実験グループが使用した加速器です。

この先例があるため、有限交差角衝突の採用は危険だと思われていました。しかし、本当にうまくいかないのかどうかは、もう少し検討してみないとわかりません。そこでＫＥＫでは、前出の平田光司さんが中心となって、ＤＯＲＩＳのデータなどをあらためて調べました。

次の図は、右側が正面衝突、左側が有限交差角衝突の実験データです。縦軸と横軸はそれぞれ垂直方向の振動数（ｔｕｎｅ）、グレーの濃い部分がルミノシティの高い領域。並べてみると、左側のほうがグレーの薄い部分や真っ白な部分が多いことがわかります。これらを見れば、正面衝突のほうが高いルミノシティを得られるのは明らかでしょう。

しかしよく見ると、左側にもグレーの濃い部分はそれなりにあります。そのｔｕｎｅだけを選んで実験することができれば、有限交差角衝突でも十分に高いルミノシティが得られるはずだと考えられました。

当時、ＫＥＫの研究計画などを評価するレビュー委員会で議長を務めていたグスタフ・

正面衝突と有限交差角衝突のルミノシティ

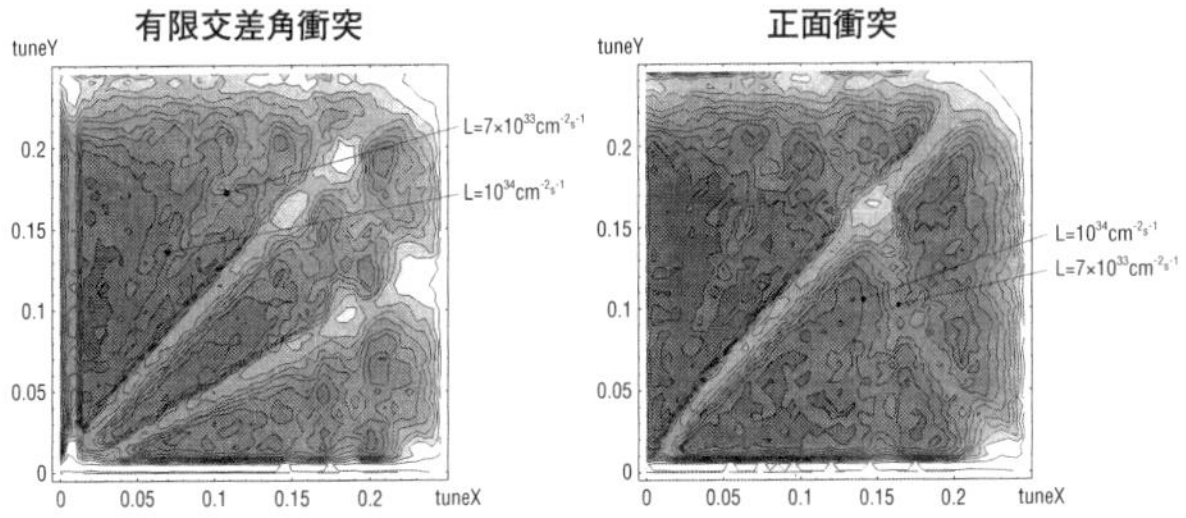

交差角があっても、tuneを選べばOK!

シミュレーションとその結果の図作成は平田光司ほか、KEK Report 95-7掲載

フォスさんは、まさにかつてドイツ電子シンクロトロン研究所で苦い思いを味わった人物です。KEKBで有限交差角衝突を採用したいという私たちの計画に対して「本当に大丈夫なのか？」と懸念を抱いた彼は、ドイツからDORIS実験を実際に手がけた研究者を呼んで、特別に通常のレビュー委員会とは別の議論の場を設けてくれました。

そこで、DORISがなぜさまざまなtuneで実験を行ったのかがわかりました。たとえば一〇〇個あるバンチが同じtuneで振動した場合、お互いに共鳴し合ってビームが不安定になるリスクがあります。それを避けるために、DORISではバンチごとにtuneを少しずつ変えていました。だから、ルミノシティの高いtuneだけに絞り込むこ

とができず、ルミノシティの低いｔｕｎｅもあったわけです。

しかしＫＥＫＢの場合、前述のようにそもそもビームの不安定性が少ない設計にすることができました。また、ＤＯＲＩＳがつくられた時代よりも電子技術が進歩しており、個々のバンチごとに振動を減衰させることも可能です。したがって、わざわざバンチのｔｕｎｅをずらす必要はありません。ルミノシティの高くなるｔｕｎｅだけを選択できます。

そういった議論を経てつくり上げた有限交差角衝突システムは、計画段階のシミュレーションどおり、大変うまくいきました。交差角があることによる不都合はほとんど生じませんでした。

じつは、強力な永久磁石によるビームの分離には、マイナス面もあります。衝突点の近くに強い磁石があると、衝突によってエネルギーを失ったビームが急に曲げられて、ノイズとして検出装置に飛び込んでしまうのです。その量はルミノシティに比例する、つまり高いルミノシティを得れば得るほど邪魔なノイズも増えてしまうのですから、どちらを優先すべきなのか判断が難しい。実際、ＰＥＰⅡではそういう悩ましい事態が起きていました。しかしＫＥＫＢでは、余計なノイズが発生しないので、ルミノシティを上げることに専念できたのです。

ちなみに、ＫＥＫＢの終盤では前述の有限交差角の利点を活かしつつ、衝突時の両ビームの重なりを最大化する「クラブ交差」方式も世界で初めて試され、ルミノシティの向上が得られました。この方式はＨＬ‐ＬＨＣ（高輝度大型ハドロン衝突型加速器）やＥＩＣ（電子・イオン衝突型加速器）など今後の加速器にも採用される予定です。

トリスタンの遺産なしにＫＥＫＢの成功はなかった

以上、ＫＥＫＢのおもな特徴についてお話ししてきました。同じ目的のためにつくられた電子・陽電子衝突型加速器でも、ＫＥＫＢとＰＥＰⅡにはさまざまな違いがあることがわかってもらえたのではないかと思います。

ＫＥＫＢが設計時に目標としていたルミノシティを達成したとき、この加速器の建設に関わってくださった企業のみなさんをＫＥＫにお招きして謝恩会を開催しました。その席で、企業の方が研究者を相手にこんな雑談をされているのを小耳にはさみました。

「それにしても、どうしてＳＬＡＣとこんなに厳しい競争をされているのでしょうか。最初から協力して一台の加速器でやればいいような気もするのですが」

たしかにそうかもしれない、とも思いました。もちろん、ＳＬＡＣのＰＥＰⅡとの競争があったからこそ、私たちもさまざまな新しいアイデアを出し、それがＫＥＫＢの性能向上をもたらしたことは、間違いありません。しかし協力して一台でやったほうが効率よくＣＰ対称性の破れという現象を検証できた可能性もあるでしょう。とはいえ、複数のグループで多様な手法を試したほうが、加速器科学の発展につながる新しい知見を数多く得られることもたしかです。ＫＥＫもＳＬＡＣも、この競争から多くのことを学びました。それは今後の実験に大いに活かされるに違いありません。

しかしいずれにしろ、素粒子物理学の加速器実験は大規模化が進み、最先端の研究分野で競争を行うことはきわめて難しくなりました。実際、ヒッグス粒子の発見にチャレンジすることができたのは、ＣＥＲＮのＬＨＣ（大型ハドロン衝突型加速器）ただ一台だけです。かつては、同じ発見を目指して複数の加速器が建設されるのが当たり前でしたが、そういう時代の最後を飾ったのが、ＫＥＫＢとＰＥＰⅡの競争だったといえるかもしれません。

また、ＫＥＫＢの成功は、その前のトリスタンなしではあり得ないものでした。たまたま大きくつくっていたトンネルがＫＥＫＢで役に立ったというだけの話ではありません。残念ながら物理学上の成果は思うように挙げられなかったトリスタンですが、加速器としては技術的にも性能面でもきわめて大きな成功を収めています。その財産があったからこそ、ＫＥＫＢはＰＥＰⅡとの競争に負けることがありませんでした。

トリスタンの残した財産は、技術だけではありません。むしろ、その研究を通して育った「人」のほうが重要だったといえるでしょう。トリスタン計画では、ＫＥＫの加速器に関わる研究者の人数がそれまでの三倍程度まで増えました。

こんなことを言うと叱られそうですが、私自身、学生時代は重力波の研究をしていたこともあって、ＫＥＫに就職してＰＳの仕事を始めたときは、加速器という装置については何もわからず、とくに興味が持てませんでした。しかしほどなくトリスタン計画がスタートし、そちらに関わるようになってから、この分野の面白さや奥深さが少しはわかってきたように思います。意欲に満ちた若い研究者たちが集まっていたので、大いに刺激も受けました。そこで世界一の加速器を建設すべく懸命に勉強を重ねた世代が、ＫＥＫＢの開発を支えたのです。

もうひとつ忘れてはならないのは、この実験ではベル実験グループと加速器グループのあいだに緊密な連携があったことです。ベル実験の代表者が加速器の制御室に常駐し、いま何が起きていて、改善にはどんな工夫が必要かという問題意識を共有していました。

加速器の専門家と実験の専門家とでは、必ずしも関心を向けるポイントが同じではありません。そのため、意見の食い違いなども当然ありました。しかし、とにかく実験の成功のためにKEKBの性能を向上させたいという目的意識は同じです。それに向かって、さまざまな良い議論ができました。そういう、人と人との連携のあり方も含めて、この実験で得た財産が、今後の加速器研究に引き継がれてほしいと思っています。

第五章　ニュートリノとＣＰ対称性の破れ

市川温子

市川温子（いちかわ　あつこ）
東北大学大学院理学研究科教授。博士（理学）。一九七〇年、愛知県一宮市生まれ。京都大学大学院理学研究科博士課程修了。高エネルギー加速器研究機構助手、京都大学大学院理学研究科准教授を経て現職。ニュートリノ振動の測定を目的とするT２K実験に参加し、二〇一九年からは同実験の代表者を務めている。原子核談話会新人賞、守田科学研究奨励賞、湯浅年子賞、猿橋賞などを受賞。

T2K実験に参加したきっかけ

小林・益川理論が予言したクォークにおけるCP対称性の破れは、KEKのベル実験とSLACのババール実験によって実証されました。

でも、それで物質と反物質の非対称性が説明できるわけではありません。この宇宙に反物質が存在せず、物質だけが残ったことを説明するには、CP対称性がもっと大きく破れていることを明らかにする必要があります。それを解明する上で重要な意味を持つと考えられているのが、ニュートリノという素粒子です。

ニュートリノは、「ニュートラル（中性の）」という言葉が語源になっていることからもわかるとおり、電荷を持たないレプトンです。中性子のベータ崩壊で質量がわずかに失われてしまうことから、「エネルギーの一部を持ち去る粒子があるはずだ」と、その存在が予言されていました。

電磁相互作用をしないニュートリノは物質とほとんど反応せずにすり抜けてしまうため発見は困難でしたが（そのせいで「幽霊粒子」などと呼ばれます）、一九五六年に、原子炉から出るニュートリノが初めて観測されています。一九八七年に超新星爆発によって放出されたニュートリノをカミオカンデが検出し、一九九八年にはニュートリノに質量があり、ニュートリノ振動という現象が起きていることをスーパーカミオカンデが発見するなど、日本はこの粒子の研究で大きな実績を挙げてきました。

そのニュートリノでCP対称性の破れを探ることができると私が知ったのは、KEK PSでつくったニュートリノを二五〇キロメートル離れた岐阜県神岡にあるスーパーカミオカンデで観測するK2K実験が一定の成果を挙げ、その関係者たちが次のニュートリノ実験を模索し始めていた頃のことです。

当時、私は京都大学の博士課程で原子核物理の実験をやっていました。実験でKEKのPSを使ってはいましたが、ニュートリノとはまったく縁がありません。むしろ、K2K実験でPSを使っているために、自分たちの実験がなかなかできないことに不満を抱いていたぐらいです。

そんな中、K2K実験のリーダーだった西川公一郎さんが教授として京大に来られました。一九九九年のことです。私は西川さんに、ニュートリノ研究のことを聞きに行きました。すでにスーパーカミオカンデでニュートリノ振動が発見されていたので、そこから先、ニュートリノの何を研究するのかが疑問だったのです。すると西川さんは、パソコンを開いていろいろと資料を見せながら、こうおっしゃいました。

「次はね、ニュートリノのＣＰ対称性だよ」

原子核物理を研究していた私は当時まだ素粒子物理には明るくありませんでしたが、クォークでＣＰ対称性の破れが見つかっていることは知っていました。その重要性も、それなりに理解していたつもりです。しかし、ニュートリノでもＣＰ対称性の破れがあり得るというのは聞いたことがありませんでした。

西川さんからその言葉を聞いた瞬間に「かっこいい！」と思いました。それで自分も研究してみたいと思ったのが、いまのＴ２Ｋ実験に参加することになったきっかけです。

クォークよりも破れの大きいニュートリノのＣＰ対称性

小林・益川理論は、クォークが三世代・六種類以上あればＣＰ対称性を破ることができるというものでした。アップ（u）とダウン（d）、ストレンジ（s）とチャーム（c）、ボトム（b）とトップ（t）のペアのことを「世代」と呼びます。

一方、レプトンにも電子と電子ニュートリノ、ミュー粒子とミューニュートリノ、タウ粒子とタウニュートリノという三世代・六種類が存在することがわかりました。クォークは質量の違いで種類を区別していますが、当初、ニュートリノは質量がないと考えられていたので、弱い相互作用でペアになる相手の違いで区別しています。たとえば電子ニュートリノが陽子や中性子と弱い相互作用をすると電子が、ミューニュートリノの場合はミュー粒子が、タウニュートリノの場合はタウ粒子が出てきます。

クォークと同じように三世代あるならば、ニュートリノでCP対称性が破れても不思議ではないでしょう。ただし、そのためにはニュートリノに質量がなければいけません。クォークのCP対称性の破れも、六種類のクォークに質量の違いがあることが、重要な意味を持っていました。

たとえば中性子のベータ崩壊では、弱い相互作用によってdクォークが同じ世代のuクォークに変わります。それだけではCP対称性は破れないのですが、種類ごとに異なる質量を持つクォークが世代を超えて混合していると、入れ替われる相手は同じ世代のクォークだけではありません。わずかではありますが、ｄクォークがひとつ上の世代のｃクォークに変わるなど、異なる世代同士の入れ替わりが起こります。それが三世代で起こればＣＰ対称性を破ることができるというのが、小林・益川理論の予言でした。クォークに質量があるからこそ、そのような混合も起きるのです。

しかし素粒子の標準理論は、ニュートリノの質量をゼロとしていたので、それではＣＰ対称性を破ることができません。

ところが一九九八年にスーパーカミオカンデ実験でニュートリノ振動が発見されたことで、ニュートリノに質量があることがわかりました。飛行中にニュートリノが別の種類に変化するのは、二種類以上の質量が混じっているからです。質量がわずかに異なる三種類の状態の混合割合によってニュートリノの種類が決まり、飛行中にその混ざり方の位相が少しずつズレていくことで振動が起こるのです。

スーパーカミオカンデなどの観測では、ミューニュートリノとタウニュートリノは三つの質量すべてが混合した状態でした。ただし、電子ニュートリノは、二種類の質量までは混合しているが、三番目の質量が混合しているかどうかはわかりませんでした。ＣＰ対称性を破るためには、電子型も三種類の質量が混じった状態でなければいけません。

さてもしニュートリノでもＣＰ対称性が破れるとすると、それはクォークのＣＰ対称性の破れよりも大きい可能性があります。

クォークの場合、混じり具合はかなり小さいものでした。たとえばｕクォークは、弱い相互作用によってほとんどがｄクォークに変わります。ｓクォークもいくらか混じっていますが、その次の世代のｂクォークとなると、きわめて小さな混合しかありません。なので、クォークのＣＰ対称性の破れだけでは、この宇宙の物質の量を説明できないのです。

それに対して、ニュートリノは混合が大きいことがわかりました。正確なことはまだ不明ですが、現時点で理論的に許される範囲では、最大でクォークの一〇〇〇倍ぐらい大きなＣＰ対称性の破れを持つ可能性があるのです。

さらに、クォークの場合、そのＣＰ対称性の破れによって初期宇宙で粒子と反粒子の差をつくったとしても、すぐに戻ってしまい、物質だけを残すことがほとんどできません。

一方、ニュートリノの場合、非常に大きな質量を持つニュートリノの存在を予言する「シーソー機構」という理論があり、その場合、重いニュートリノが崩壊するときにＣＰ

対称性の破れのためにニュートリノと反ニュートリノに大きな差が生じて、それはなかなか元には戻らないと考えられています。

もちろん、そのような重いニュートリノはまだ見つかっていませんし、シーソー機構も仮説の域を出ませんが、これが正しければ、宇宙に物質だけが残ったことをうまく説明できるかもしれません。そういったことも含めて、ニュートリノにおけるCP対称性の破れの研究は、宇宙の謎を解く大きなヒントを与えてくれる可能性があるのです。

毎秒一〇〇兆個のニュートリノをつくって神岡に打ち込む

さて、ニュートリノがCP対称性を破るためには、先ほど述べたとおり、電子ニュートリノ、ミューニュートリノ、タウニュートリノのいずれもが三種類の質量の混合した状態であることが必要です。そのためには、電子ニュートリノに三番目の質量が混じっていることをたしかめなければなりません。

そこで、これを検証するために計画されたのが、Tokai to Kamioka 略してT2K実験でした。東海村のJ-PARCでつくったニュートリノビームを、二九五キロメートル先にある神岡のスーパーカミオカンデに打ち込む実験です。

J‐PARCでは、まず加速した陽子を炭素でできた標的にぶつけます。そこから出てくるパイ中間子を「電磁ホーン」という装置でスーパーカミオカンデの方向に集束する。そのパイ中間子は、長さ一〇〇メートルのトンネルを飛ぶあいだにミュー粒子とミューニュートリノに崩壊します。そのミューニュートリノが、スーパーカミオカンデに打ち込まれるのです。

私は、まだ実験のための予算が承認される前の段階からポスドクとしてT2K実験に参加し、施設の図面を描くところからやらせてもらいました。とくに深く関わったのは、パイ中間子を集束させる電磁ホーンの開発です。瞬間的に電流を流して螺旋《らせん》状の磁場を発生させる装置ですが、その電流が三二万アンペア。稼働させると鼓膜が痛くなるほど大きな音がします。スーパーカミオカンデになるべく多くのニュートリノビームを打ち込むためにとても重要な装置なので、大変やり甲斐《がい》がありました。

この実験では、毎秒およそ一〇〇兆個のニュートリノをつくり出しています。いったん実験が走り始めるとそれを二四時間ずっと打ち続けるのですが、神岡に届いたときにはビームが一〇キロメートルぐらいまで広がってしまうので、スーパーカミオカンデに打ち込まれるのはそのうちのほんの一部にすぎません。スーパーカミオカンデの中を通過するニュートリノは、毎秒一〇〇〇万個ぐらいでしょう。

しかもそのほとんどは反応せずにすり抜けてしまいます。大量のニュートリノビームを送り出しても、水の中の原子核と反応して検出できるのは一日に七個程度。なにしろニュートリノという粒子は、平均すると、地球を二〇〇個も並べるとようやくどこかで反応するという、きわめてつかまえにくい粒子なのです。

また、二九五キロメートルも離れたところにビームを打ち込む場合は、地球の丸さも考慮に入れて方向を決めなければいけません。水平に打つと、神岡に届いたときにはスーパーカミオカンデのはるか上空を通過してしまいます。そのため、J‐PARCからは水平よりも四度ほど下に角度をつけて、地面に向かってビームを発射します。ニュートリノは地球をたくさん並べてもすり抜けるのですから、二九五キロメートル程度ならほとんどがちゃんと神岡に届くのです。

早い段階で見えてきた三種類の混合

二〇〇四年に建設を開始したニュートリノビーム生成施設は二〇〇九年三月に完成し、ニュートリノビームをつくり始めました。まず目指したのは、J-PARCから打ち込んだミューニュートリノが、スーパーカミオカンデで観測したときに電子ニュートリノに変わるかどうかをたしかめることです。ミューニュートリノはほとんどがタウニュートリノに変化するのですが、そのうち少しでも電子ニュートリノに変われば、電子ニュートリノが三種類の質量の混合であることが証明できます。

スーパーカミオカンデでは、直接ニュートリノの種類を見られるわけではありません。装置内に蓄えられた水の中の原子核とニュートリノが稀に衝突したときに放出される荷電粒子を見て、間接的に判断します。判断材料は、ニュートリノに叩《たた》き出された荷電粒子から円錐形《えんすいけい》に放出されるチェレンコフ光。この光を観察すると、その荷電粒子の種類がわかります。それが電子なら、衝突したのは電子ニュートリノ、ミュー粒子ならミューニュートリノ、タウ粒子ならタウニュートリノです。

ミュー粒子と電子から放出されたチェレンコフ光

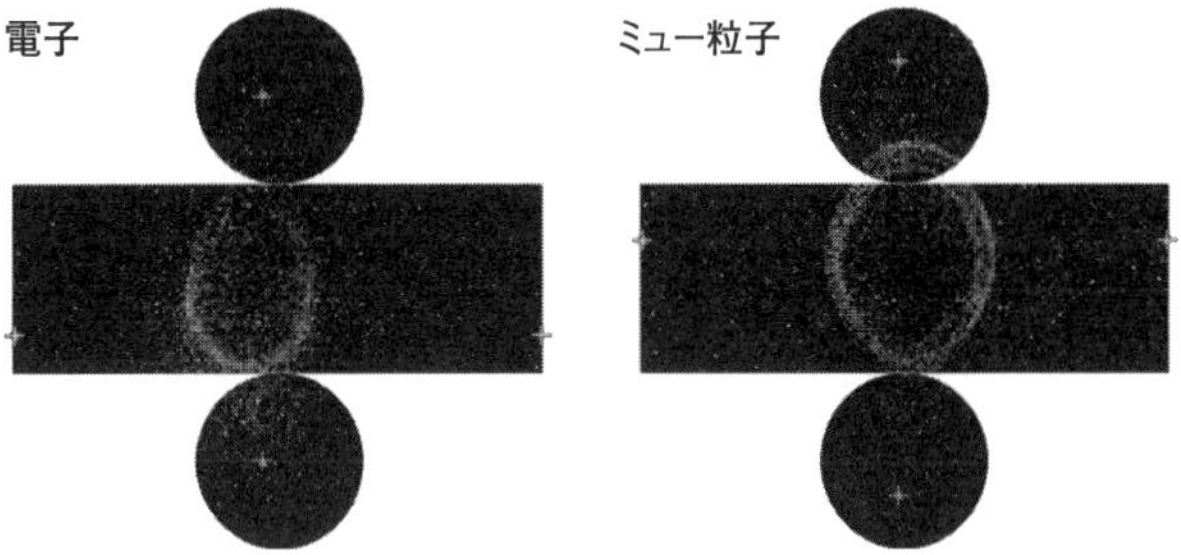

T2Kコラボレーション

そのチェレンコフ光がどのように見えるのか写真を見ていただきましょう。右がミュー粒子、左が電子から放出されたチェレンコフ光です。ミュー粒子のほうが端がシャープで、電子はややボヤけた感じになっています。二〇〇九年にスタートしたＴ２Ｋ実験では、このボヤけた電子のチェレンコフ光が見られることが期待されていたわけです。

当初は五年、一〇年かかることも覚悟していましたが、ミューニュートリノが電子ニュートリノに変わったと思われる兆候はかなり早い段階で見えてきました。

第三章でも述べられていたとおり、本来こういう実験は、「見たいものを見てしまう」というバイアスを避けるために、結果は見ずに溜めたデータを時間をかけて解析してから、最後に結果を見ます。しかし、長くニュートリノ観測を行っているスーパーカミオカンデの場合、データ解析の手法が確立していたので、実験を走らせながら結果を見ることができました。もちろん、バックグラウンド・ノイズとの見極めは慎重にしなければいけませんが、実験開始から間もなく、本物らしいイベント（事象）が目立ったのです。

しかも、そういうイベントはデータを溜めるにつれて着実に増えていきました。バックグラウンドならばそうはならず、増えたり減ったりするはずです。そうやって順調にデータを溜めて解析を進めた結果、二〇一一年の早い段階で、三種類の混合がたしかにありそうだという見通しが立ちました。

東日本大震災で実験停止中に中国の実験に逆転を許す

とはいえ、まだ正式に「発見」といえる精度ではありません。二〇一一年六月に発表した私たちの解析結果は、統計学的な標準偏差σ《シグマ》で表すと2・5σの信頼度でした。確率でいうと、九九・三％程度。「兆候」を捉えたという段階です。

そのため、この結果を発表することについては、実験グループ内でかなり激しい議論が交わされました。実験そのものがはじめから順調に進んだこともあって、積極的に発表すべきだという声は多かったのですが、「2・5σ程度で表に出して、もし間違っていたら恥ずかしい」という意見もあったのです。

結局2・5σで発表することになったのですが、結果的にはそれが正解でした。さらにデータを溜めて信頼度を上げようとしていた矢先の三月一一日に、東日本大震災が発生してしまったからです。

あのときは東海村もかなり大きな揺れに襲われ、J-PARCは相当なダメージを受けました。建物周辺の地面には亀裂が走り、地盤が大きく沈下。加速器のトンネル内には地下水があふれ出し、精緻に並べられていた電磁石の位置が最大で二〇ミリメートルもズレるなど、しばらくは復旧の見通しが立たないほどの被害が生じたのです。

そのため当然、T2K実験もしばらく停止を余儀なくされました。とりあえず2・5σで発表していなければ、実験の成果を世間にアピールするチャンスが得られなかったわけです。

しかし、それから約一年かけて懸命に設備を復旧し、2・5σまで到達していたデータの信頼度をより高めるべくT2K実験を再開したときに、私たちにとってはさらにショッキングなことが起きました。T2Kの競争相手である中国で実験を行っていたダヤベイ実験グループが、二〇一二年三月に、三種類目のニュートリノ混合の「発見」を発表したのです。その信頼度は、5σを超えていました。

ダヤベイ実験は、原子炉から放出される反電子ニュートリノが振動によって減ることを観測する実験です。六基の原子炉から一・九キロメートル以内に位置する八つの反ニュートリノ検出器を満たすのは、二〇トンの液体シンチレータ。T2Kが2・5σの結果を発表したときには、まだ準備段階でした。

当時はスタートするまでにまだしばらく時間がかかるだろうと思われていたのですが、T2Kの結果を見て、急ピッチで計画を進めたのでしょう。震災でT2Kが停止しているあいだに、予定していた検出器がすべて揃《そろ》うのを待たずに、一部の検出器だけで実験を始めました。T2K実験の「兆候」が正しければそれでも検出は可能なので、賢いやり方だったと思います。

その発表から少し遅れて、T2Kは3・1σ（九九・九%）の結果を得ました。震災がなければ、二〇一一年のうちに「証拠」として発表できたでしょう。さらに、ダヤベイより早く5σに到達できていたかもしれません。また、T2Kが震災前に2・5σの発表をしていれば、ダヤベイの実験計画がより早まっていた可能性もあるでしょう。実験の進行が遅れたというだけでなく、競争という面でも、あの震災は私たちの研究に大きな影響を与えました。

しかしT2Kも、二〇一三年七月には、7・5σという世界最高の信頼度で三種類の混合を決定しています。また、ニュートリノ振動によりニュートリノが別の種類に変わったことを世界で初めて直接測定することができました。それまでの測定は観測されるはずのニュートリノが観測されないというものでした。

昨日のライバルは今日の友

ところで、ダヤベイ実験は5σの精度で三種類の混合を発見しただけではありません。その混合の大きさをきわめて高い精度で測定したことも、私たちにとっては大きな驚きでした。

ただしダヤベイ実験は、原子炉から放出される反電子ニュートリノがどれだけ減るかを見て混合の大きさを測定しているだけなので、CP対称性の破れは見ることができません。CP対称性の破れの影響は、減った分の反電子ニュートリノが反ミューニュートリノになったのか、あるいは反タウニュートリノになったのかを観測し、さらに同じことを電子ニュートリノでも行って比較しないとわからないのです。

一方、J-PARCでは、スーパーカミオカンデで検出した電子ニュートリノと反電子ニュートリノを比較して、そこからCP対称性の破れを測定するのが、もともとの方針でした。でも、それは容易ではありません。反電子ニュートリノは水に反応する確率が電子ニュートリノの四分の一程度と非常に低いからです。もし反物質を集めて「反スーパーカミオカンデ」を建設することができれば、反電子ニュートリノをたくさん検出できるはずですが、そうもいきません。そもそも反物質がこの世に存在しないのはなぜか、というところからこの研究は始まっています。

そのため、電子ニュートリノと比較できるぐらい反電子ニュートリノのデータを集めるには、かなり時間がかかると思われていました。のちほど紹介するハイパーカミオカンデのような、より大きい検出器が必要だと考えられていたのです。

ところが、ダヤベイ実験のおかげで、電子ニュートリノ中の三番目の質量の混合の大きさが高い精度でわかりました。じつはその数値がわかると、もしニュートリノでCP対称性が破れていないと仮定した場合に、T2K実験で電子ニュートリノがどれぐらいの割合で現れるかが計算できます。つまり、反応しにくい反電子ニュートリノのデータがなくても、電子ニュートリノがその基準値より多いか少ないかを見るだけで、CP対称性の破れを測定することが可能になったわけです。

5σのデータを先に発表されたのは私たちにとって悔しい出来事でしたが、混合の大きさを決めてくれたことに関しては、ダヤベイ実験に感謝しなければなりません。「昨日のライバル」が「今日の友」になったといったところでしょうか。

サイエンスは、自然界の真理を解明するのが最大の目的です。誰が最初に発見したにせよ、判明した事実は貴重な共有財産。だから、競争はしながらも、お互いの出した成果を尊重しながら、一緒に前進していくわけです。

ちなみに、ダヤベイ実験は原子炉からのニュートリノを検出するものですが、米国のフエルミ国立加速器研究所では、T2Kと同じように加速器でつくったニュートリノを遠方の検出器に打ち込むスタイルの「NOvA実験」が行われています。シカゴにある研究所からミネソタ州北部に設置された検出器までの距離は、T2K実験の約二・七倍にあたる八一〇キロメートル。検出器に蓄えられているのは、水ではなく液体シンチレータです。

距離が遠いとニュートリノビームがT2Kよりも広がってしまいそうですが、NOvA実験はT2Kよりも三倍ほど高いエネルギーでビームを打っているため、あまり広がりません。最終的な広がり具合は、T2Kと同程度でしょう。T2Kよりも検出器までの距離が長いのは、ビームのエネルギーが高いためです。エネルギーの高いニュートリノがニュートリノ振動を起こすには長く飛行する必要があるのです。

そして、T2KとNOvAで異なるエネルギーのニュートリノを調べることには、じつは研究上のメリットがあります。ニュートリノには、エネルギーが高いほど物質と反応しやすくなるという性質があり、そのため、NOvA実験のニュートリノは地球内部で受ける物質の影響がT2K実験よりも大きくなります。その影響の受け方は、三種類のニュートリノの質量がどういう順番かによって変わりますが、その順番がまだわかっていません。

ふたつの実験の結果を比較することで、ニュートリノの質量の順番による影響とＣＰ対称性の破れの影響を分離することができるのです。

それもあって、ＮＯｖＡグループとＴ２Ｋグループは日頃から協調体制を組み、お互いのデータを持ち寄って一緒に解析する場もつくろうとしています。

二〇二七年実験開始を目指すハイパーカミオカンデへの期待

ともあれ、ダヤベイ実験の成果を受けて、Ｔ２Ｋ実験ではニュートリノにおけるＣＰ対称性の破れを探ることができるようになりました。ただし現状では、ＣＰ対称性が破れているとも破れていないともいえません。

次頁のグラフは、二〇二〇年七月時点でのデータです。上のグラフは、横軸がニュートリノのエネルギー、縦軸が電子ニュートリノの出現数。実線部分は、ＣＰ対称性の破れがない場合の予測値をダヤベイの実験結果に基づいて計算したものです。ほとんどのエネルギー領域で、その予測値よりも多く電子ニュートリノが現れていることがわかるでしょう。

下は反電子ニュートリノの出現数で、こちらはサンプル数が少ないため誤差が大きいので

電子ニュートリノと反電子ニュートリノの出現数

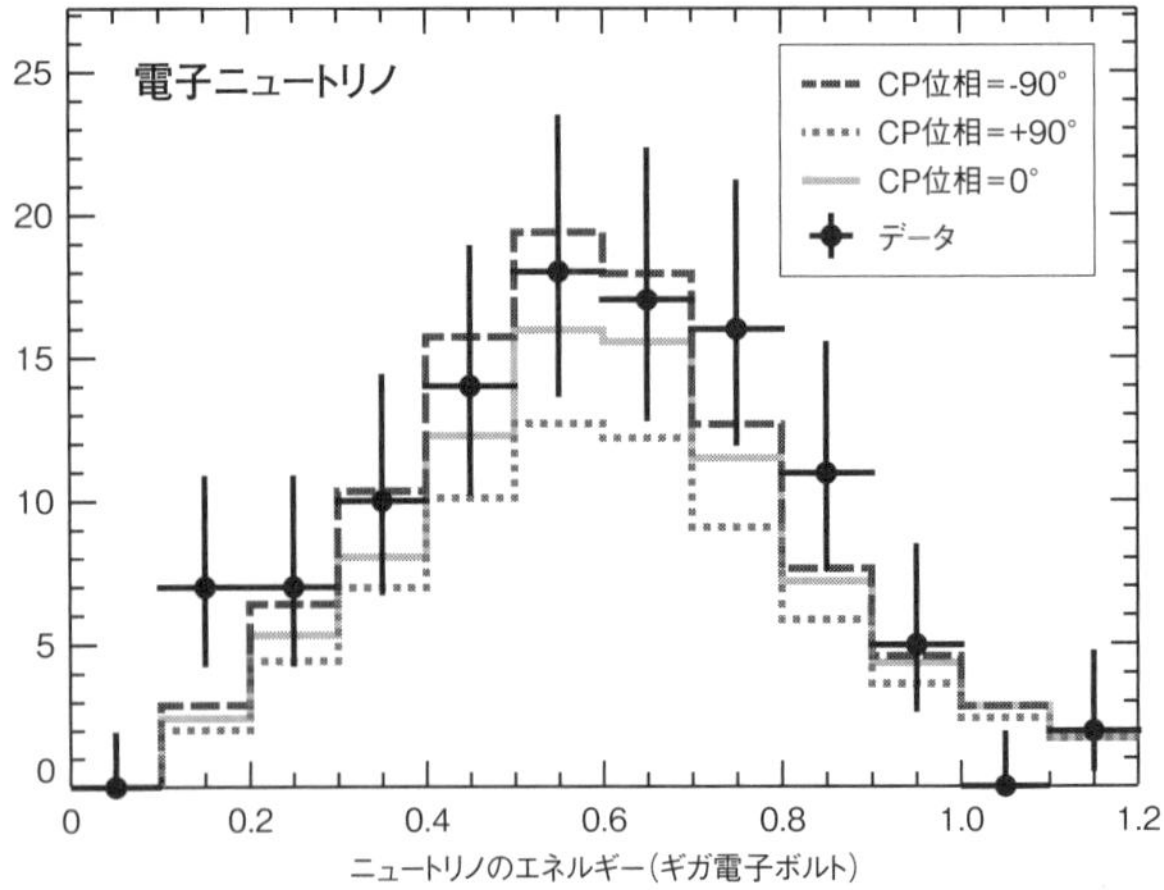

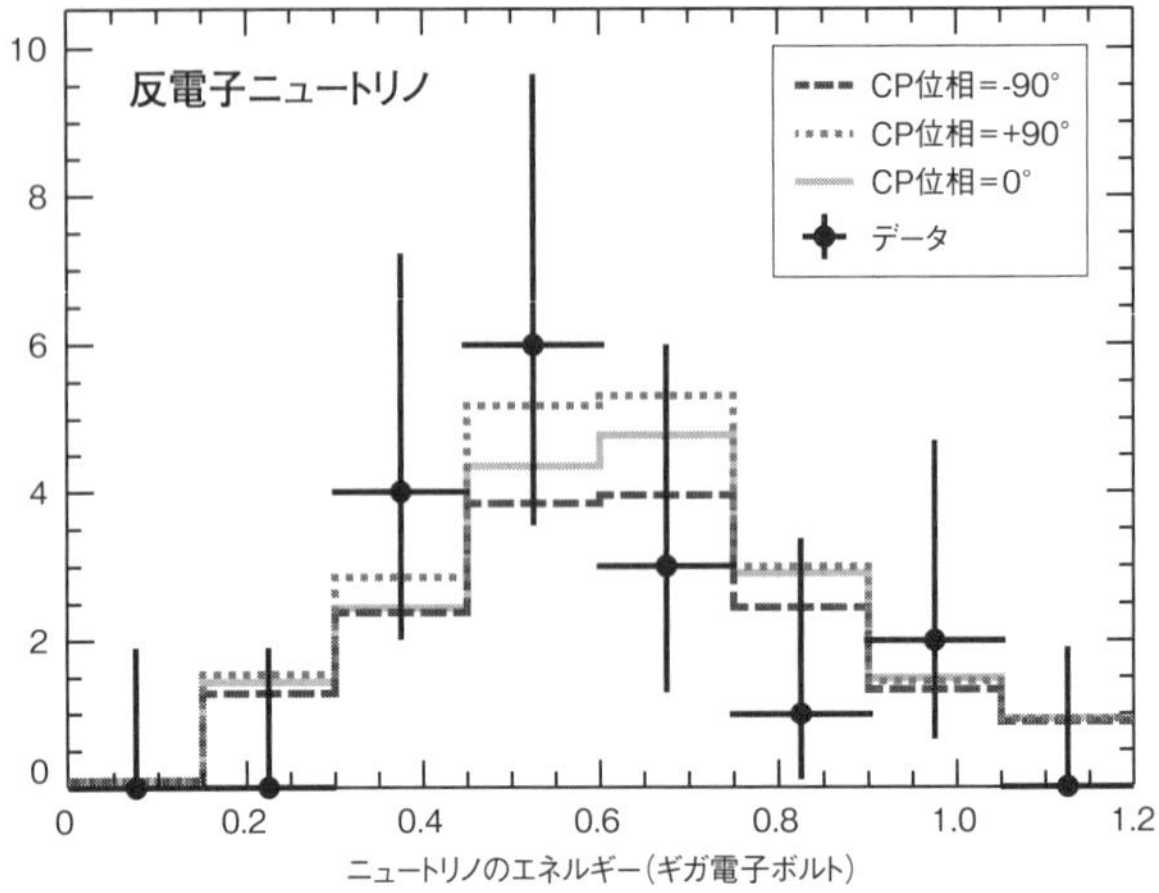

T2Kコラボレーション

すが、全体としては予測値を下回っています。

もし現在のデータが示すとおりであれば、ニュートリノにおけるCP対称性の破れはかなり大きなものだといえるでしょう。ただしCP対称性が破れている信頼度は九五％弱といったところなので、「兆候」があるとさえいえません。今後さらにT2K実験でデータを溜めていけば、近い将来、3σ（九九・七％）程度まで信頼度を上げてCP対称性の破れの「証拠」を捉えることができるかもしれません。

そこからさらに研究を推し進めるには、もっと規模の大きな検出器がなければ、短い期間で十分な量のデータを集めることができません。そこで計画されたのが、ハイパーカミオカンデです。

小柴《こしば》昌俊さんのノーベル物理学賞（超新星ニュートリノの発見）につながったカミオカンデ、梶田隆章さんのノーベル物理学賞（ニュートリノ振動の発見）につながったスーパーカミオカンデに続く三代目のハイパーカミオカンデは、直径六八メートル、深さ七一メートルという巨大な円筒形タンクに超純水を満たした検出器。タンク内の内壁には大型の超高感度光センサーを四万本も取り付け、それによって水中で発生するチェレンコフ光を捉えます。

実験に使える有効体積は、スーパーカミオカンデのおよそ八倍。スーパーカミオカンデの八〇年分のデータが、ハイパーカミオカンデでは約一〇年で得られます。二〇二〇年に予算が成立し、二〇二一年五月に建設が始まりました。二〇二七年の実験開始を目指しています。

また、増強されるのは神岡側の検出器だけではありません。東海村のJ－PARCのほうも、現状の五〇〇キロワットを一・三メガワットまで上げて、生成する陽子の数を二倍以上に増やすための努力をしています。「T」と「K」の双方がスケールアップすることで、この実験は大きく進展するでしょう。早ければ、ハイパーカミオカンデのスタートから二～三年後には、5σ以上の信頼度でニュートリノのCP対称性の破れを観測し、その大きさも決められるのではないかと思っています。

陽子崩壊の検出も大きな目的のひとつ

これだけ大規模な設備を使う実験となると、実施できる国は限られてきます。かつてはヨーロッパでも、T2K実験が開始されたぐらいの時期に、ジュネーブのCERN（欧州合同原子核研究機構）からローマ郊外のアペニン山脈の地下にあるグラン・サッソ国立研究所にニュートリノビームを打ち込む実験を行っていましたが、それ以降、加速器を使う大きなニュートリノ実験は計画されなくなりました。それもあって、ハイパーカミオカンデ実験は、世界一九ヵ国からニュートリノ研究者が集まる国際研究拠点となっています。

しかし、同様の規模の次世代ニュートリノ実験計画は、ハイパーカミオカンデだけではありません。NOνA実験を行っているフェルミ国立加速器研究所も、「DUNE」という実験を計画しています。四万トンの液体アルゴンを溜められる検出器を、サウスダコタ州のサンフォード地下研究所に建設する予定で、ハイパーカミオカンデより少し早い二〇二六年の実験開始を目指しています。ニュートリノの加速器実験に関しては、このDUNEとハイパーカミオカンデが世界の二大拠点となるでしょう。

加速器を使わないニュートリノ実験としては、中国も「JUNO」という大規模な計画を進めています。原子炉から五〇キロメートルほどの位置にスーパーカミオカンデ級の検出器を建設するもので、ダヤベイ実験と同様、検出器で使うのは液体シンチレータです。

しかし、ダヤベイ実験とはその量がまったく違います。ダヤベイが二〇トンなのに対して、こちらは二万トン。水と違い、液体シンチレータはコストもかかりますし、油なので燃えやすく、取り扱いが容易ではありません。ふつうのプラスチックでは溶けてしまうので、JUNOでは特殊なアクリルを使った巨大な球体に液体シンチレータを蓄えます。この実験では、三種類のニュートリノ振動のうち二種類の測定が可能。それによって、電子ニュートリノ、ミューニュートリノ、タウニュートリノの質量の順番を決められるかもしれません。

世界でこうしたさまざまな実験が進展すれば、今後ますますニュートリノという素粒子の性質が明らかになるでしょう。一〇年以内には、ニュートリノにおけるCP対称性の破れが解き明かされることが期待されます。それによって、宇宙に物質だけが存在する理由や、宇宙そのものの進化のプロセスに関する研究がさらに前進するはずです。

ところで、これは本書のテーマから逸《そ》れるので詳しくは説明しませんが、三代にわたるカミオカンデ実験をはじめ、大量の液体を溜め込む実験装置は、ニュートリノの検出だけを目的としているわけではありません。その多くが、陽子崩壊という現象も捉えようとしています。

かつて陽子は、永遠に壊れることがない安定した粒子だと考えられていました。しかし、電磁相互作用、強い相互作用、弱い相互作用の三つの力と、クォークとレプトンを統一的に説明する「大統一理論」によって、中間子やレプトンに崩壊することが予言されています。陽子はあらゆる物質を構成する原子に必ず含まれていますから、それが本当だとすれば、いつまでも安定的に存在すると思われていたこの世の物質が、いずれはすべてバラバラになってしまうわけです。

ただしその寿命は平均で10^{34}年以上と予測されており、陽子よりも宇宙のほうが先に寿命を迎えてしまうと考えられています。しかしその長い寿命はあくまでも平均値なので、中にはいまこの瞬間に崩壊している陽子があるかもしれません。カミオカンデのような実験装置に蓄えられた大量の液体には大量の陽子（水素の原子核）が含まれているので、ずっと観察していれば、その崩壊が観測できる可能性があるのです。そうなれば大統一理論の正しさが裏付けられ、宇宙の成り立ちをめぐるさまざまな謎の解明に向けての大きな一歩となることでしょう。

第六章　「新しい物理」と加速器科学の未来

岡田安弘

岡田安弘（おかだ　やすひろ）

高エネルギー加速器研究機構理事。理学博士。一九五七年一二月生まれ。東京大学大学院理学系研究科博士課程修了。東北大学理学部助手、高エネルギー物理学研究所助教授、高エネルギー加速器研究機構助教授、同教授などを経て現職。西宮湯川記念賞などを受賞。

単独で存在できないクォークは「素粒子」か

素粒子物理学は一九三二年の中性子の発見によって幕を開け、それ以降、一九七〇年代までに多くの理論的な予言がなされました。それを約四〇年かけて実験でたしかめることで一応の完成を見たのが、素粒子の標準理論です。その掉尾《とうび》を飾ったのが、KEKBとPEPIIによる小林・益川理論の証明と、CERN（欧州合同原子核研究機構）のLHC（大型ハドロン衝突型加速器）によるヒッグス粒子の発見でした。

とはいえ、それでこの分野の研究が終わったわけではありません。CP対称性の破れやヒッグス粒子の発見などを受けて、標準理論を超える新しい物理の模索が始まっています。それはいったい、どのようなものなのか。本章では、これから数十年にわたって素粒子物理学が取り組むことになる課題についてお話しします。

しかしその前に、これまでに素粒子物理学が数十年かけて何を成し遂げてきたのかを振り返っておくことにしましょう。

素粒子物理学は物質の根源を探究する分野ですが、研究対象は「物」だけではありません。物質のいちばん小さい基本単位を探るのと同時に、そこにどのような「力」が加わって物質が成り立っているのかということも考えます。

そして、第一章でも説明があったとおり、中性子の発見を契機として、強い相互作用と弱い相互作用というふたつの力の存在が明らかになりました。それまで、自然界に存在する力は電磁力と重力のふたつだと考えられていましたが、そこに強い相互作用と弱い相互作用が加わって四つになったわけです。素粒子物理学はその中の（重力を除く）三つの力の正体を解明することを、研究の中心に据えて進展してきました。

そして一九七〇年代初頭には、電磁力とはまったく別のものに見えていた強い相互作用と弱い相互作用が、じつはいずれも電磁力の親戚筋にあたる同じような力であることが判明します。この知見が、素粒子の標準理論の基盤になりました。

そこに到達する上でもっとも大きな鍵を握っていたのは、クォークの発見です。それ以前は陽子や中性子が素粒子、つまり物質の基本単位だと考えられていましたが、その下のレベルにクォークという基本単位があることがわかったのです。

ただしクォークは陽子や中性子などのハドロンの外に取り出すことができません。そのため当初は、「単独で観測できないものを素粒子と呼んでよいのか？」という議論もありました。古代ギリシャで生まれた原子論以来、素粒子とは「それ以上は分割できない最小単位」とされてきたので、たしかにその意味では、単独で取り出すことのできないクォークは素粒子とは呼びがたいでしょう。

しかし物理学では、クォークを素粒子と見なしました。外に取り出すことはできなくても、ハドロンの構成要素であるからには、それを素粒子と考える。事実上、その時点で素粒子の定義を変更したことになります。

陽子や中性子を素粒子として扱うと、そこに働く強い相互作用と電子などに働く弱い相互作用はまったく別のものに見えます。しかしそれは、いわば遠くから強い相互作用を見ているから。陽子や中性子の内部構造に目を向けて、いわば近くからクォークに働く強い相互作用を観察すると、それが弱い相互作用と親戚筋の力であることがわかるのです。

複数の現象がまったく別のものだとすると、それを生んでいる物理法則は複雑なものにならざるを得ません。しかしそれが親戚筋の同じような現象なら、ひとまとめにしてシンプルな法則を考えることができます。クォークを素粒子と見なすことで、素粒子物理学はシンプルな方向性を見出《みいだ》すことができました。素粒子の標準理論は、まったく違うと思われた三つの相互作用を同じ理論でシンプルに記述できることに気づいたという意味で、物理学におけるひとつの勝利宣言だったといえます。だからこそ、その理論体系は「標準(standard)」モデルと名づけられました。それ以前はあまりにも混乱しており、とても「標準」とはいえない状態だったのです。

標準理論に貢献したノーベル賞受賞者たち

標準理論が七〇年代に確立する際には、素粒子理論家が決定的に重要な役割を果たしました。それまでに実験や観測によって従来の理論では説明のできない発見が相次いだからです。その混乱したデータをまとめて説明するには、多くの理論家たちの直観的なひらめきや深い洞察力が必要でした。

その時期に標準理論の構築に貢献した理論家たちは、のちに次々とノーベル物理学賞を受賞しています。まず一九七九年に、弱い相互作用と電磁相互作用を統一する理論によって、スティーブン・ワインバーグ、アブドゥ・サラム、シェルドン・グラショーが受賞。

これは、標準理論全体の枠組みをつくる上できわめて重要な役割を果たす理論でした。

一九九九年には電弱相互作用の研究などを通じてエポック・メイキングな理論を提案したゲラルド・トフーフトとマルティヌス・ヴェルトマンが受賞。第一章でも言及されているとおり、これは場の量子論の計算で答えが無限大になってしまうのを避ける「繰りこみ」という手法が、一般的にゲージ理論でも可能であることを証明するものです。

続いて二〇〇四年には、強い相互作用に関する理論を築いたデビッド・グロス、デビッド・ポリッァー、フランク・ウィルチェックが受賞しました。「漸近的自由性の発見」という業績です。

重力や電磁力は距離が離れるほど弱くなりますが、強い相互作用はそうではありません。不思議なことに、距離が離れるほど強くなるという性質があります。それを明らかにしたことで、クォークが陽子や中性子の内部では自由に動き回るにもかかわらず、その外に取り出すことができないことが説明できました。

さらに二〇〇八年には、「自発的対称性の破れ」を発見した南部陽一郎と、「CP対称性の破れの起源」を発見した小林誠、益川敏英の三人が受賞。自発的対称性の破れの理論は、それを導入することによって弱い相互作用と電磁力をひとつにまとめられることを示すものでした。素粒子の標準理論におけるもっとも原理的な考え方を提唱したという意味で、きわめて大きな功績です。

そして二〇一三年には、質量の起源を説明するヒッグス機構を提唱したフランソワ・アングレールとピーター・ヒッグスがノーベル物理学賞を受賞しました（アングレールと共に論文を執筆したロベール・ブルーは二〇一一年に死去）。ちなみにヒッグス機構の理論はゲージ対称性の自発的破れに関するもので、南部が二〇〇八年に受賞した理論が前提となっています。

いま列挙したノーベル賞受賞者たちの理論は、いずれも六〇年代から七〇年代にかけて提唱されたものでした。たとえばアングレールとヒッグスが各々その論文を発表したのは、一九六四年のこと。小林・益川理論は一九七三年でした。それらの理論がノーベル賞を受賞するまで三〇年以上もかかったのは、実験によってその正しさをたしかめるのに時間がかかったからです。

理論家へのノーベル物理学賞は、原則として、実験や観測による裏付けが得られるまで与えられません。標準理論そのものは七〇年代に構築されていたものの、その検証が済んだのは二一世紀に入ってからだったわけです。

一九三〇年代に始まった素粒子物理学が、理論家と実験家の努力によって築き上げた標準理論は、それが一九〇五年から一九二五年までに築かれた特殊相対性理論や量子力学を踏まえたものであることも含めて、まさに二〇世紀の物理学が積み重ねてきた成果の集大成といっていいでしょう。

ヒッグス粒子は素粒子か複合粒子か

しかし、素粒子の標準理論にとって「最後のピース」ともいわれたヒッグス粒子の発見は、この分野に新たな課題をつきつけました。ヒッグス粒子は、理論的に予言されたヒッグス機構というメカニズムがたしかに存在することを示す証拠です。でも、たしかにヒッグス機構はあるとわかったものの、そのメカニズムがどのようにしてできたのかはまだわかっていません。

ヒッグス機構は素粒子に質量を与える仕組みとして考えられました。いま知られているあらゆる素粒子は、宇宙が始まったときにはすべて質量がゼロだったと思われます。そのままでは電子もクォークも光速で飛び回ってしまい、原子を構成することができません。宇宙に物質が存在するためには、それらの粒子に質量を与えるメカニズムが必要です。それがヒッグス機構でした。そのメカニズムを持つヒッグス場というものがあるとすれば必ず存在するはずの粒子が、ヒッグス粒子です。

また、三つの相互作用に着目した場合、ヒッグス機構は弱い相互作用と深く関係しています。というのも、三つの相互作用を媒介するゲージ粒子のうち、電磁相互作用の光子と強い相互作用のグルーオンには質量がありません。しかし弱い相互作用を媒介するW粒子（ウィークボソン）とZ粒子には、陽子の八〇〜九〇倍もの質量があります。この違いを説明できなければ、三つの相互作用を親戚筋のものとして統一的な理論で扱うことはできません。

しかしW粒子とZ粒子に質量を与えるヒッグス機構を導入すると、もともとそれらの粒子も光子やグルーオンと同じく質量がゼロだったということになります。そうなれば、三つの力を同じ理論で説明できるようになるのです。

ある理論のために導入された新粒子という点で、ヒッグス粒子は湯川秀樹が予言したパイ中間子に似ているといえるでしょう。一九三二年に中性子が発見されたことで原子核の構造が明らかになり、陽子と中性子を結びつける強い相互作用が存在するためには新たな粒子が必要だと考えられました。

その時点で想定されていたパイ中間子は、それ以上は分割できない素粒子です。しかし実際に発見されたパイ中間子は、よく調べてみると素粒子ではなく、クォークと反クォークからなる複合粒子でした。

強い相互作用を説明するために導入されたパイ中間子に対して、ヒッグス粒子は弱い相互作用に深く関わる粒子として導入されたわけですが、こちらもまだ素粒子かどうかわかっていません。この粒子が内部構造を持たない素粒子なのか、あるいはさらに下の階層を持つ複合粒子なのかは、これからの素粒子物理学にとってきわめて重大な問題です。

素粒子の標準理論では、物質を形成するクォークとレプトン、相互作用を媒介するゲージ粒子が、いずれも素粒子と見なされています。いまのところ、それがより基本的な粒子からできていると考える余地はありません。将来はどうなるかわかりませんが、現状の理論では、素粒子と見なしても何も問題はないでしょう。それがこの分野における大方のコンセンサスとなっています。

しかしヒッグス粒子だけは、素粒子なのかどうか疑わしい。ほかの素粒子が持っている「スピン」という物理量がヒッグス粒子だけはゼロとなっているなど、独特な性質を持っているので、もっと深い階層の基本粒子からなる複合粒子だと見なしたほうが理解しやすい面もあるのです。

超対称性理論と大統一理論

ＣＥＲＮのＬＨＣで発見される前から素粒子物理学の世界で注目されていたのは、ヒッグス粒子の「質量」でした。どのくらいの質量を持っているかによって、ヒッグス粒子が素粒子なのか複合粒子なのかが判断できると思われたからです。

ヒッグス粒子の質量は、あらかじめさまざまな理論で予想されていましたが、そこには大きな幅がありました。たとえば、標準理論を超える枠組みとして提案されている「超対称性理論」という仮説の体系があります。標準理論に出てくる素粒子のすべてに「超対称性パートナー」という未知の素粒子が存在するという理論ですが、これはヒッグス粒子が素粒子であることを前提としており、その質量をかなり軽く予測していました。ちなみにこの超対称性理論は、三つの相互作用がもともと同じものだったことを示す大統一理論を矛盾なく説明できる理論でもあります。つまり、ヒッグス粒子の質量が超対称性理論の予測と合致していれば、大統一理論も説得力を持つということです。

しかし実際に発見されたヒッグス粒子は、超対称性理論で期待されていた質量よりもやや重いものでした。理論的に許容される範囲ではあるのですが、この質量だと超対称性のスケールが大きくなってしまい、大統一理論との関係を考えても、あまり都合が良くありません。超対称性のスケールとは超対称性パートナー粒子の典型的な質量のスケールのことです。大統一理論を超対称性と一緒に考える場合は、じつはこの超対称性のスケールと標準理論のW粒子やZ粒子の質量とは関連があるとするほうが自然です。つまり、超対称性のスケールがもとになって、自発的対称性の破れが引き起こされW粒子やZ粒子の質量が決まるのです。そのため超対称性のスケールが何十倍にもなると、超対称性と大統一理論を一緒とするもっともらしさが薄れてしまうと考えられています。

一方、ヒッグス粒子が複合粒子だと仮定した理論の多くは、発見されたものよりもずっと大きい質量だと予測していました。ただし軽くても許容される理論もあるので、複合粒子であることが否定されたわけではありません。いずれにしろ、ＬＨＣで発見されたヒッグス粒子は、素粒子であるとも複合粒子であるとも断言できない中間的な質量を持っていたのです。

しかし、ヒッグス機構がどのようにできあがったのかを理解し、素粒子物理学を標準理論の先へ進めるためには、それが素粒子なのか複合粒子なのかを突き止めなければいけません。どちらなのかによって、標準理論を書き換えるべきなのかどうか、書き換えるとしたらどのような描像になるのかが決まるでしょう。その意味で、ヒッグス粒子の発見は新たな問題の「始まり」にすぎません。その性質を解明することが、次のステップへの大きな突破口になるはずなのです。

ヒッグス粒子の精密測定が最重要課題

では、それをどうやって調べるのか。もし、ＬＨＣの一〇〇倍のエネルギーを持つ加速器があれば、ヒッグス粒子が素粒子なのか複合粒子なのかはすぐにはっきりするでしょう。ヒッグス粒子が複合粒子なら、それを構成するさらに下の階層の素粒子や、多数の新しい複合状態が発見されるはずです。また、ヒッグス粒子が素粒子かどうかは、高いエネルギーでのヒッグス粒子やW粒子、Z粒子の相互作用を調べることによって、少なくとも実験で到達できたエネルギーの範囲では、素粒子として振る舞うかどうか判断できます。しかしいまのところ、そのような加速器の建設は技術的に困難であり、まったく現実的ではありません。

そこで、いまの時点でやれる現実的なアプローチとして考えられているのが、現在の技術でつくることのできるヒッグス粒子自体の性質を詳しく調べることです。とくに重要なのは、ヒッグス粒子とほかの粒子との結合の強さ（相互作用の大きさ）を精密に測定することでしょう。

従来のゲージ粒子（光子、グルーオン、W粒子、Z粒子）は、重い粒子にも軽い粒子にもまったく同じ力で結合します。たとえば光子は、もっとも重いクォークであるトップクォークにも、それより軽い電子にも、同じ力で結合します。その強さは、相手の質量とは関係がありません。

ところがヒッグス粒子だけは違います。素粒子の質量に関わる粒子ですから、結合する相手の質量と無関係ではいられません。重い粒子には強く、軽い粒子には弱く結合するのが、ヒッグス粒子の大きな特徴です。

しかし、さまざまな粒子との結合の強さはまだわかっていません。もしヒッグス粒子の結合の強さを測定することができれば、それが素粒子なのか複合粒子なのかがわかる可能性があります。ヒッグス粒子が素粒子だった場合、ほかの粒子との結合の強さは理論的に予言が可能だからです。その理論的な予測値と測定値が合致していればヒッグス粒子は素粒子、ズレていれば複合粒子を示唆することになります。ヒッグス粒子が素粒子の場合でも、超対称性理論の場合は単純にヒッグス粒子がひとつだけある場合とズレが生じ、しかもそのズレのパターンは複合粒子の場合と違うと予想されています。この測定こそが、これから一〇年、二〇年というスパンで素粒子物理学が取り組むべき課題の中でいちばん大切だと思います。

ヒッグス粒子の発見は「長年にわたって探してきたものがようやく見つかった」と大々

的に報じられたので、その時点で物理学者たちが満足したものと思い込んでいる人も多いかもしれません。そのため、やっと見つかったヒッグス粒子を「詳しく調べる」と聞いても、念のための事後処理的な印象を抱く人もいると思います。

でも、これはそういうレベルの話ではありません。それこそ湯川秀樹が予言したパイ中間子も、発見されたあとの研究のほうがむしろ重要でした。その正体を詳しく調べることによって、素粒子物理学の発展につながる多くの知見が得られたのです。発見しただけで満足していたら、標準理論という体系を構築することはできなかったでしょう。

ヒッグス粒子もそれとまったく同じです。精密に測定して、その正体を明らかにしなければ、次の時代の素粒子物理学を開拓することはできません。いまそれに取り組み、次の時代に通じる扉を開くことが未来に対する自分たちの責任だというのが、世界中の素粒子研究者のコンセンサスなのです。

ILC（国際リニアコライダー）の役割

そして、その重要な実験を行うためには、ヒッグス粒子を大量に生成してそれを精密に調べられる能力を持つ新しい加速器と測定器が必要です。ヒッグス粒子を発見したCERNのLHCでやれるのではないかと思われるかもしれませんが、そうはいきません。たしかにLHCは、ヒッグス粒子を発見したのですから、いまもつくることができます。しかし、陽子と陽子を衝突させるLHCのようなハドロンコライダーは、未知の粒子を探す能力は高い反面、ほしい粒子を大量に生成して精密に測定する実験の能力には限界があります。素粒子ではないハドロンは内部に多くの粒子を抱えているため、衝突させると夥《おびただ》しい数のイベントが生じます。ヒッグス粒子ができたとしても、それはその中のほんの一部にすぎません。今後もLHCでヒッグス粒子の性質をその能力の限界まで調べますが、それでも十分ではありません。

したがって、ヒッグス粒子の正体をつかむためには、素粒子同士を衝突させる電子・陽電子衝突型の加速器を建設しなければなりません。内部構造のない電子と陽電子の衝突実験からは、精密な測定のしやすいきれいなデータが得られます。

もちろん、ヒッグス粒子をつくるには大きなエネルギーが必要になるので、それはこれまでにない大規模な加速器になります。また、できるだけ大きなエネルギーを得ようと思うと、ＬＨＣやＫＥＫＢのような円形加速器は適当ではありません。電子や陽電子は加速中に軌道が曲がると放射光を出してしまい、エネルギーを損失してしまうからです。

そのような大型加速器は、もはや一国の研究所だけで建設できるものではありません。そこで世界各国が協力して建設しようと計画しているのが、ＩＬＣです。

素粒子物理学の将来のために、「ヒッグスファクトリー」としての大型リニアコライダー（線形衝突型加速器）が必要になることは、一九九〇年前後からすでに世界の研究者たちのあいだで議論されていました。ただしその時点ではヒッグス粒子が本当にあるかどうかも不明で、当然、その質量もわかりません。ですから、どの程度のエネルギー領域を狙ってリニアコライダーをつくるべきかについては、コンセンサスがありませんでした。加速器の設計も世界で一本化されることはなく、各国がそれぞれに研究を重ねていたわけです。

しかし二〇〇〇年代に入った頃から、ひとつのリニアコライダー加速器計画を世界で協力して準備するという機運が生まれました。まずは軽いヒッグス粒子に焦点を絞って計画し、あとでコライダーのエネルギーを上げていこうという方針です。リニアコライダーの場合、円形加速器と違い、あとから加速する距離を延長することが可能です。まずは小さいエネルギーで実験を始め、もっと高いエネルギーが必要だとわかれば、トンネルを継ぎ足して加速器全体を長くすればよいのです。

二〇一二年にヒッグス粒子が発見されると、さらに計画が具体化しました。見つかったヒッグス粒子の質量を見れば、リニアコライダーをどのエネルギー領域からスタートさせればよいかがわかります。国際的な検討会議で議論した結果、ヒッグスファクトリーとしてのリニアコライダーは二五〇ギガ電子ボルトのエネルギーがベストだとの結論になりました。あまりエネルギーを上げすぎると、生成されるヒッグス粒子の数が減ってしまうのです。

ＩＬＣ計画はまだ承認されていませんが、それが実現した場合、その先にどんな展望が開けるのかもお話ししておきましょう。

ＩＬＣによる精密測定で、仮にヒッグス粒子が複合粒子であることが判明すると、かつてのパイ中間子もそうだったように、ヒッグス粒子はさまざまな複合粒子の中でもっとも質量の軽い粒子だということになります。そして、パイ中間子よりも質量の大きい複合粒子が次々と見つかったのと同じように、ヒッグス粒子よりも質量の大きい複合粒子が次々と見つかるでしょう。

するとと当然、それらの複合粒子を構成する基本粒子やその相互作用がどうなっているのかを調べなければいけません。そのためには、ＬＨＣの一〇倍程度のエネルギーを得られるハドロンコライダーが必要になると考えられます。

ただし、将来のハドロンコライダーをどのエネルギー・スケールに設定すればよいのかは、まだまったく見通しが立ちません。まずＩＬＣのようなヒッグスファクトリーの測定結果を見て、将来への方向性を明らかにしてから、具体的な設計を始めるべきだというのが、多くの研究者の考えだと思います。もちろん、大型のハドロンコライダーを建設する以外の研究方法を考える人もいるでしょうが、いずれにしろ、ヒッグスファクトリーを実現させることが最優先であることに変わりはありません。

標準理論と合致しないミューオンの磁気モーメント

しかし、ＩＬＣ計画がこれから承認されたとしても、完成して実験がスタートするまでにはまだ何年もかかります。では、それまで素粒子物理学が停滞してしまうのかというと、決してそんなことはありません。標準理論の先へ向かうための正面からのアプローチはヒッグスファクトリーですが、いわば側面から入るようなアプローチ方法はたくさんあります。ここまで本書で取り上げてきたBファクトリーやニュートリノ物理も、標準理論の先の未知の領域への入り口をこじ開ける道筋のひとつです。

たとえば二〇二一年四月には、ミューオンの性質が標準理論の予測とは違っているという実験結果が発表されました。フェルミ国立加速器研究所が、ミューオンの磁気的な強さ（磁気モーメント）を精密に測定する実験を行ったところ、理論的な予測値から大きくズレていたのです。

同様の結果は、二〇年ほど前に米国のブルックヘブン国立研究所が行った実験でも得られていました。しかしその一例だけでは、まだ見過ごされていた実験誤差があった可能性もあります。それが今回、別の実験でも同じような結果が出たことで、その実験結果に対する確度が高まったといえるでしょう。

もっとも、まだ実験の精度は5σに達していません。4・2σとのことなので、正しい確率は九九・九九七%程度ですが、もしこれがたしかならば、たとえば超対称性粒子など未知の粒子や相互作用がミューオンと反応した可能性もあります。新しい物理に向けて、かなり大きな入り口が開くかもしれません。そのためKEKでも、J-PARCで、過去の実験とは異なるアプローチでミューオンの磁気モーメントを調べようとしています。

もしヒッグス粒子が素粒子だと仮定すると、ミューオンの磁気モーメント以外にも、標準理論からはさまざまな粒子の振る舞いを数値的に予言することができます。その予測値からのズレが観測されれば、そこに何か新しい物理が存在する可能性があるといえるでしょう。KEKも含めて、いまはそういうシグナルを探すことが、さまざまな実験のテーマになっているのです。

また、ニュートリノ実験にはそれとは別の側面もあります。ニュートリノの場合、そもそも質量があるとわかったことが標準理論の予測とは違っていたわけですが、その質量が電子などほかのレプトンとくらべて非常に小さいことが問題です。たまたまヒッグス粒子との結合がほかの粒子より弱いと考えることもできないわけではありませんが、ほかに理由があるのではないかという見方が主流です。ヒッグス粒子との結合はほかの粒子と同程度なのに、別の要因が効いているためにニュートリノの質量だけが特別に軽くなっているのかもしれません。それを説明するのが、前章でも取り上げた「シーソー機構」という考え方です。その理論が正しいかどうかをたしかめるのが、ニュートリノ実験のいちばんの目標でしょう。

これは、ヒッグス粒子の性質とも関わってくる問題です。もしヒッグス粒子が素粒子だとすれば、ニュートリノの質量が軽いことはシーソー機構でうまく説明できます。しかしヒッグス粒子が複合粒子である場合、ニュートリノの質量を単純に小さくするようなビジョンが描けません。したがって、これからニュートリノ実験で得られるであろうデータの意味を正しく解釈するためには、やはりヒッグス粒子の精密測定が必要になります。

物質と反物質の非対称は素粒子物理学の「最後の宿題」

ニュートリノ実験ではCP対称性の破れを見ることが大きなテーマとなっていますが、それが明らかになった場合の解釈も、ヒッグス粒子の正体によって違ってきます。ニュートリノにおけるCP対称性の破れが、宇宙の物質と反物質の生成と関係があるかどうかは、ヒッグス粒子が素粒子かどうかによるのです。ニュートリノの性質が宇宙の粒子と反粒子の生成に関係しているというシナリオは超対称性理論や大統一理論といった考え方に基づいており、それらの理論はヒッグス粒子が素粒子であることを前提に考えられているからです。

宇宙の物質と反物質の非対称性がどこから生じたのかは、いま私たちが理解しているエネルギーのスケールだけではわかりません。現時点で素粒子物理学がたどり着いたのは、一〇〇ギガ電子ボルトから一テラ電子ボルトというエネルギー・スケールの理論です。そこから先、10^{18}～10^{19}電子ボルトまでのあいだに、どのような素粒子と相互作用が存在するのかはまだわかりません。そのリストを見なければ、どこでどのようなCP対称性の破れが生じ、いかにして宇宙のバリオン数が決まったのかを解釈することができないのです。

もちろん、ニュートリノをはじめとして、何らかのCP対称性の破れが見つかれば、それは物理学上の大発見には違いありません。それを見つけるために、T2K実験以外にも、さまざまな実験が行われています。たとえばJ-PARCではK中間子の崩壊を調べていますし、ベル実験を引き継いだSuperKEKBのベルII実験でもCP対称性の破れは重要なテーマのひとつです。

でも、どこかでCP対称性の破れがひとつ見つかったからといって、それで宇宙のバリオン数の問題が解決するわけではありません。そもそもCP対称性の破れという現象は、実験で見つけるのは簡単ではありませんが、理論的にはいまや「あって当たり前」のものです。決して特殊な現象ではなく、宇宙の進化の過程で物質と反物質の差が生じたり消えたりしていたことでしょう。

しかし最終的には、物質だけが残って現在の宇宙になりました。この物質がどの段階でどのように残ったのか（反物質がどのように消えたのか）は、素粒子と相互作用の全リストを明らかにして、全体のシナリオを書いてみなければわかりません。その意味で、「宇宙はなぜ物質でできているのか」という問いは、素粒子物理学に課せられた最後の宿題ということもできるでしょう。

ダークマターは素粒子全体の中でどう位置づけられるか

ところで、素粒子の標準理論を超える現象といえば、ここまで触れていなかった大きな問題があります。それは「ダークマター（暗黒物質）」の存在です。

銀河の回転速度などの観測を通じて、宇宙には大きな重力源となる未知の物質が大量に存在することが明らかになりました。通常の物質と違って光を発しないため、ダークマターと呼ばれています。光を出さないだけでなく、ほかの物質と反応することもないので、検出するのは容易ではありません。そういう正体不明の物質が、標準理論で扱っている通常の物質のおよそ六倍も宇宙に存在すると考えられているのです。

このダークマターの正体を解明することが、素粒子物理学の大テーマであることはいうまでもありません。ダークマターは私たちの目の前にもあるはずですし、宇宙線の中にもその名残のようなものがあるはずなので、それを直接検出するための実験が世界各地で行われています。

それと同時に、加速器を使ってダークマターを探す実験も進んでいますが、それがどのくらいの質量を持っているのかがわからないので、どこかに焦点を絞って狙い撃ちすることはできません。さまざまな加速器実験で、それぞれの得意とするエネルギー領域を探り、「ここには存在しない」という知見を積み重ねながら、ダークマターの質量に見当をつけていくしかないでしょう。もちろんSuperKEKBやCERNのLHCでもそれを探っています。ＩＬＣ計画が実現すれば、そこでダークマターが検出される可能性もあるでしょう。

ダークマターが見つかれば、次はそれがどのような形で素粒子のリストに加わるのかが問題になります。通常の物質とはまったく関わりのない孤立した存在かもしれませんし、ほかの粒子とペアの形でリストアップされるのかもしれません。超対称性理論が予言する粒子のひとつがダークマターである可能性もあります。標準理論を超える素粒子モデルを明らかにするためには、ダークマターを発見するだけでなく、それを全体の中でどう位置づけることができるのかが重要なのです。

素粒子物理学の歴史に対する責任

以上、素粒子物理学における二〇世紀の成果と二一世紀の課題について述べてきました。中性子の発見を契機に素粒子物理学という新しいパラダイムが生まれたのと同様、標準理論を超える新しいパラダイムをつくるためにいまもっとも求められているのは、実験の進展でしょう。理論面ではすでに多くの提案がなされていますが、その中でどれが正しい方向を示しているのかはわかりません。ここから先は、実験の成果を踏まえて、素粒子物理学の進路を見定める必要があります。

一九三〇年代から六〇年代までは、さまざまな実験によって従来の理論では説明できなかった現象が次々と見つかりました。その混乱を理論家が一〇年かけて整理したのが、標準理論という体系です。それをさらに四〇年かけて、実験家が実証してきました。これからの素粒子実験には、その両方が求められるといっていいでしょう。説明できない新しい現象を見つけるだけでなく、すでに提案されている理論に沿った体系的なアプローチも求められます。

いずれにしろ、そこで加速器実験がきわめて大きな役割を担っていることはいうまでもありません。これまでにない大きなエネルギー・フロンティアを目指す加速器の建設は時間も資金もかかりますが、その計画を長期的な視野で着実に進めていきながら、いますでに私たちが持っている技術を駆使することで次のステップに進んでいく必要があります。

しかし加速器実験はすでに大規模化しており、大きなインパクトのあるテーマを追究できる研究所は世界でも数えるほどしかありません。二〇世紀の加速器実験は国や研究所のあいだで激しい競争がくり広げられ、それが強い推進力となったわけですが、もうそういう時代ではなくなりました。ＩＬＣ計画もそうであるように、これからは世界の研究者が協力し合って前進していかなければなりません。

その中で、私たちＫＥＫは中心的な役割を果たしていきたいと思います。現在、加速器実験では欧州のＣＥＲＮが押しも押されもせぬ世界ナンバーワンですが、アジア最大規模の加速器研究所であるＫＥＫはそれに次ぐ存在といえるでしょう。SuperKEKBを使うベルⅡ実験グループは一〇〇〇人を超える研究者が参加していますが、そのうちおよそ八割は海外からやって来ています。もしＩＬＣが期待どおり国内に建設されれば、さらに多くの素粒子研究者が日本に集まるでしょう。そうなれば、素粒子物理学における日本の役割はきわめて大きなものになります。

もちろん、それは日本のためだけにやることではありません。私たち物理学者は、この分野の長い歴史に対して責任を負っています。二〇世紀の素粒子物理学は、標準理論というすばらしい成果を挙げました。二一世紀の素粒子物理学に取り組む私たちには、多大な努力によってそれを築き上げてきた先人たちに対する責任があるのです。また、一〇〇年後、二〇〇年後の研究者たちに「二〇世紀の物理学者は頑張ったが、二一世紀の物理学者はふがいなかった」などと言われたくはありません。過去の業績を無駄にせず、未来の研究者にも良い形でバトンを渡せるよう、いま目の前にある問題をできるかぎり解決し、宇宙の根源を追究する素粒子物理学を前進させたいと思っています。

おわりに

素粒子物理学という分野にとっても、KEKという研究所にとっても、この五〇年間はきわめて実りの多い時代だったと思います。七〇年代に構築された素粒子の標準模型は実験による検証が大きく進み、その半世紀のあいだに、KEKは高エネルギー物理学の世界で中心的な役割を果たせる存在になりました。

創設された当初は、海外から第一線の研究者を招聘《しょうへい》して教えを請うこともありましたが、いまはKEKでしかやることのできない研究機会を求めて、世界中から多くの研究者が集まってきます。素粒子物理学の未来を切り拓《きひら》くことが期待されるILC計画でも、KEKは重要な責任を担う立場になりました。五〇年前、世界から大きく後れを取った状態でスタートしたことを思うと、まさに隔世の感があります。

おもに素粒子物理学を扱った本書ではあまり触れることができませんでしたが、フォトンファクトリーや物質・生命科学実験施設など、広範な用途を持つ「加速器科学」の発展にも、ＫＥＫは大きく貢献してきました。また、医療における加速器利用も進んでいますが、ＫＥＫでは、医療用加速器の研究にも取り組んでいます。加速器が持つ多様な可能性は、今後も広がり続けてゆくことが期待されます。

本書は、ＫＥＫ広報室の髙橋将太氏、集英社新書編集部の渡辺千弘氏と共に企画を発案したライターの岡田仁志氏が各章ごとにインタビューを行い、それをもとに作成した草稿を各執筆者が加筆修正するという形でつくられました。さらに、執筆者のひとりでもある菊谷英司氏、ＫＥＫ理事の幅淳二氏にも、全体のコーディネートや進行管理などのサポートを受けましたので、ここに記して感謝を申し上げます。

末筆になりましたが、本書の編集作業が佳境を迎えた頃、共にノーベル物理学賞を受賞した益川敏英氏の訃報に接しました。ご冥福をお祈り申し上げます。

二〇二一年八月

小林　誠

構成／岡田仁志
図版作成／ＭＯＴＨＥＲ
協力／大学共同利用機関法人高エネルギー加速器研究機構

小林 誠（こばやし まこと）

高エネルギー加速器研究機構特別栄誉教授。「CP対称性の破れの起源の発見」によりノーベル物理学賞を受賞。

菊谷英司（きくたに えいじ）

高エネルギー加速器研究機構研究員。

山内正則（やまうち まさのり）

高エネルギー加速器研究機構機構長。

生出勝宣（おいで かつのぶ）

高エネルギー加速器研究機構名誉教授。

市川温子（いちかわ あつこ）

東北大学大学院理学研究科教授。

岡田安弘（おかだ やすひろ）

高エネルギー加速器研究機構理事。

宇宙《うちゅう》はなぜ物質《ぶっしつ》でできているのか

素粒子《そりゅうし》の謎《なぞ》とKEKの挑戦《ちょうせん》

集英社新書一〇八八G

二〇二一年一〇月二〇日 第一刷発行

著者……小林《こばやし》 誠《まこと》／菊谷英司《きくたにえいじ》／山内正則《やまうちまさのり》／生出勝宣《おいでかつのぶ》／市川温子《いちかわあつこ》／岡田安弘《おかだやすひろ》

発行者……樋口尚也

発行所……株式会社集英社

東京都千代田区一ツ橋二－五－一〇 郵便番号一〇一－八〇五〇

電話 〇三－三二三〇－六三九一（編集部）
〇三－三二三〇－六〇八〇（読者係）
〇三－三二三〇－六三九三（販売部）書店専用

装幀……原 研哉

印刷所……凸版印刷株式会社

製本所……加藤製本株式会社

定価はカバーに表示してあります。

ISBN 978-4-08-721188-7 C0242

a pilot of wisdom